普通高等院校统计学类系列教材

Excel 2019 统计数据处理与分析

主　编　薛亚宏

副主编　王来英　周晓明　翟伟彤

参　编　任继永　武晶晶　苏　光　王淑萍

机械工业出版社

本书没有对 Excel 各项功能做具体介绍，而是基于统计工作实践，注重于对现实统计数据的处理和分析。本书基于微软 Excel 2019 版编写，重点介绍了 Excel 常用高阶函数、基于函数的数据处理综合实战、商务图表制作、MOS 认证实战等方面的内容，涵盖了大量的数据案例以及实用技巧。

　　本书是高等院校财经商贸类省级精品课在线开放课程"统计数据处理与分析"的配套教材。读者可登录学银在线（www.xueyinonline.com）下载本书中所有案例的源数据，通过观看操作视频，进行在线学习。

　　本书可作为高等院校理工科财经商贸类、电子信息类、文化教育类等学科专业加强统计认知，提升数据处理与分析能力的支撑教材，也可作为微软办公软件国际认证考试的参考用书。

图书在版编目（CIP）数据

Excel 2019 统计数据处理与分析／薛亚宏主编. —北京：
机械工业出版社，2020.2（2024.8 重印）
普通高等院校统计学类系列教材
ISBN 978－7－111－64678－5

Ⅰ.①E… Ⅱ.①薛… Ⅲ.①表处理软件-高等学校-
教材 Ⅳ.①TP391.13

中国版本图书馆 CIP 数据核字（2020）第 028439 号

机械工业出版社（北京市百万庄大街 22 号　邮政编码 100037）
策划编辑：王玉鑫　　　责任编辑：王玉鑫　侯　颖
责任校对：肖　琳　　　封面设计：张　静
责任印制：张　博
北京建宏印刷有限公司印刷
2024 年 8 月第 1 版·第 4 次印刷
184mm×260mm·14.25 印张·348 千字
标准书号：ISBN 978－7－111－64678－5
定价：38.00 元

电话服务　　　　　　　　　网络服务
客服电话：010－88361066　　机　工　官　网：www.cmpbook.com
　　　　　010－88379833　　机　工　官　博：weibo.com/cmp1952
　　　　　010－68326294　　金　书　　　网：www.golden-book.com
封底无防伪标均为盗版　机工教育服务网：www.cmpedu.com

序

从统计学诞生的 300 多年的历程来看，统计学发展的历史就是统计思维和统计方法不断创新的历史，这种创新是围绕着关于数据的两大核心问题展开的，即如何收集数据和如何分析数据。

从古代的结绳记事到今天的统计作为人们认识客观世界的工具，统计学作为一门系统研究数据的学科，在不断丰富与完善。在大数据时代，统计以及统计教学如何应对新的挑战与机遇？

普遍的定义认为，统计学是关于数据的科学，研究如何收集数据，并科学地推断总体特征。据记载，2200 多年前的西汉时期，我国历史上开展了第一次人口普查。17 世纪中叶，统计学诞生，并在 18、19 世纪不断发展，特别是与研究不确定性的概率论的结合，产生了现代意义上的统计学——数理统计学。1895 年提出的抽样调查方法并经过接下来 30 多年的完善后，作为一种更及时、更经济的数据收集方法，被广泛应用于经济、社会、科学等各个领域。

21 世纪大数据的出现，各种来源、各种形式的电子化数据的大爆发，使得静态的、定时的传统数据收集方法面临新的、动态的、组合的大数据的挑战，也使得统计思维和数据收集方法面临不断创新的挑战。

用数据说话已经成为现代社会的基本理念。我国古代的管仲说过："不明于计数，而欲举大事，犹无舟楫而欲经于水险也。"著名经济学家马寅初曾说："学者们不能离开统计而究学，政治家不能离开统计而施政，事业家不能离开统计而执业。"美国管理学家、统计学家爱德华·戴明说："除了上帝，任何人都必须用数据来说话。"印度统计学家 C. R. Rao 表示："理性来讲，人们的行为过程就是统计。"这些都说明了统计的重要性。

古代结绳计数能够记录下的数据与今天海量存储器记录下的数据本质上是一样的。不同的是，古代人知道他们养了多少牛羊、知道每人分多少，但记录不下来；而今天，我们可以记录一切，只是通过传统处理分析还不能完全知道这些海量数据中蕴含的规律和见解。大数据分析是统计的新战场，也是统计人要努力探寻的新领域。

大数据时代为统计提供了大舞台，统计将为大数据添上翅膀。我们回顾过往，不忘初心，以坚持创新的精神，努力让统计在大数据的舞台上发挥更大的作用。

宏大数据统计与分析小组

前 言

本书汇集了编者多年的教学案例，充分借鉴了行业、企业的主流业务类型，集应用统计学、Excel 操作技术、多类型数据处理与分析、在线云平台教学于一体。在教学实践以及本书编写过程中，我们与国内领先的商业课程培训机构形成有效合作，切实践行了"校企合作、产教融合、协同创新"的育人理念。

本书主要内容有：

1. 应用统计学与 Excel 数据处理；
2. 十大常用统计函数；
3. 基于函数的数据统计综合实战；
4. 基本商务图表；
5. MOS Excel 2016 Core；
6. MOS Excel 2016 Expert。

微软办公软件国际认证考试的 Excel 模块，现在还是以 Microsoft Excel 2016 为主，为了结合微软办公软件国际认证考试，故本书 MOS 实战篇第 5 章和第 6 章仍采用的是 Excel 2016 版。

本书在线平台/App 支持有：

网易云课堂、腾讯课堂、百度脑图、百度云盘、FineBI 4.0、超星学习通、泛雅平台 V3.0、学银在线。

本书软件支持有：

Excel2019 专业增强版、Excel2016 专业版（MOS 认证指定版本）、MindMaster 专业版、Camtasia Studio9、RdfSap V3.02、SPSS Statistics。

本书由薛亚宏任主编，王来英、周晓明、翟伟彤任副主编，任继永、武晶晶、苏光、王淑萍共同参与编写。具体编写分工如下：第 1、3、4、6 章由薛亚宏编写，第 2、5 章由王来英编写，周晓明完成了所有项目数据的运行测试，翟伟彤完成了所有项目文本内容的校对，任继永、武晶晶、苏光、王淑萍共同完成了所有源数据的整理和优化。

中国计算机学会协同计算分会主任、教育部计算机学科教指委委员胡斌教授担任本书的主审。上海职领网络科技有限公司、重庆答得喵微软 MOS 认证授权考试中心为本书的编写提供了许多技术支持以及部分测试数据，宏大数据统计与分析小组等为本书的编写给予了全力支持，在此一并表示感谢！

尽管我们对本书的质量和特色建设方面做出了巨大努力，但不足之处在所难免，恳请广大读者在使用本书的过程中给予关注，并将意见及时反馈给我们，以便修订时完善。

所有意见和建议请发往：945477315@qq.com。

编 者

目　录

基础篇

统计学经过 300 多年的发展，体系已趋于完善，形成了理论统计学与应用统计学两大分支。Excel 数据处理与分析作为统计研究与实践的一项重要的基础性工作，其工作过程和工作导向与统计学的各细分领域密切相关，主要为统计的定量及定性分析提供必要的数据支撑，并以各类图表进行展示或说明。

在大数据和人工智能高度发达的时代背景下，数据处理与分析的方式和手段也在迅速发展。就目前而言，大量基础性的数据处理与分析主要还是依赖于软件，这些软件主要有：

SPSS：主要用于科学研究，需要扎实的数理统计理论支撑，注重数据深度分析与建模。

Excel：主要用于常见数据类型的处理与分析，函数、透视表、VBA 编程功能强大。2016 版起嵌入 PowerBI，数据分析与数据可视化处于业界领先地位。

MATLAB：主要用于复杂数据处理与建模，三维空间图形输出能力强大，学习难度高。

在线平台：如 FineBI、Tableau、BDP 等，可进行小规模在线数据处理与图表展示，是今后统计工作者日常数据处理与分析的重要渠道，是未来小型数据处理与展示的趋势。

基于以上对比分析，结合学习难度、适用领域、易用性以及教学综合需求，本篇主要介绍应用统计学最基础的知识、Excel 数据处理与分析必备技术（基于 MOS－Excel 国际认证体系）以及常用的统计规范。基本内容主要有：

1. 应用统计学基础知识（思维导图）。

2. Excel 2019 数据处理与分析必备技能。

更为详细的理论基础以及操作技术请参考有关书籍或微软 Excel 操作规范。

应用统计学与 Excel 数据处理

统计学是关于数据的科学，统计是研究结构化"小数据"，其优势在于"以小见大"，通过设计抽取个体样本数据进而分析推断总体特征。大数据的优势在于"以大见小"，通过对各种来源、各种结构的数据（特别是各种网络数据）进行整合、量化、关联、识别等，发现其个体特征，进而对总体进行客观的描述。

在 Excel 2010 之后，微软加强了数据处理相关功能与工具单元的开发，如扩展了工作表行数和列数、加入了全新的 PowerBI 可视化组件、新增了图表样式、推出了企业级数据处理模块、强化了对数据模型构建的支持等。

正因为统计学与数据处理之间的高度相关性，所以我们在开展数据处理与分析业务之前，必须要了解和掌握一些最基本的统计理论和统计方法。本章重点介绍两个方面的内容：应用统计学基础知识、Excel 2019 数据处理与分析必备技能。

本章所有案例均有源数据供下载练习，读者可以通过下载学习通 APP 或登录学银在线（https://www.xueyinonline.com/）进行在线学习或下载与课程有关的数据素材。

项目1 应用统计学基础 （思维导图）

基于数据处理与分析最基本的理论需求，本项目所涉及的应用统计学基础主要包括以下几个方面的内容：

- 统计概述；
- 统计调查；
- 统计整理；
- 统计指标；
- 时间序列；
- 统计指数。

> **说明：** 鉴于篇幅有限，以上内容仅给出简要的知识网络和相互关系，更具体的说明或解释请读者通过网络、书籍等途径自主获取。

知识导图1　统计概述

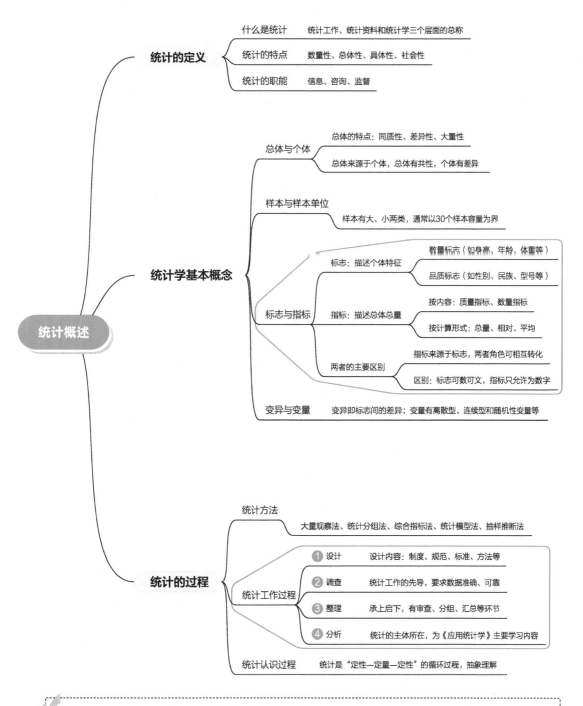

> ✓ **说明**：统计概述主要涉及基本概念、统计分类、统计方法等，其重点是标志与指标、统计工作过程这两个部分。

知识导图2 统计调查

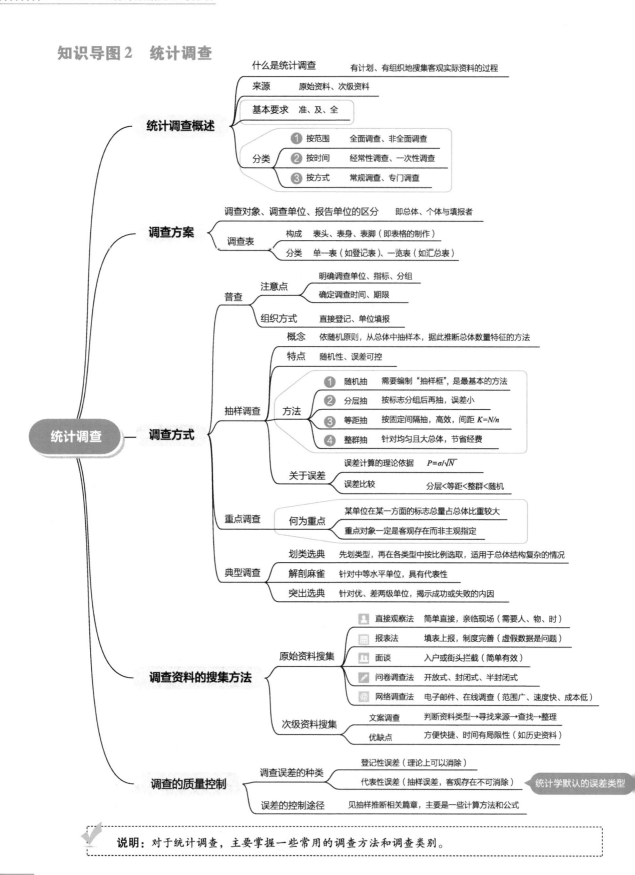

统计调查

统计调查概述
- 什么是统计调查　有计划、有组织地搜集客观实际资料的过程
- 来源　原始资料、次级资料
- 基本要求　准、及、全
- 分类
  - ① 按范围　全面调查、非全面调查
  - ② 按时间　经常性调查、一次性调查
  - ③ 按方式　常规调查、专门调查

调查方案
- 调查对象、调查单位、报告单位的区分　即总体、个体与填报者
- 调查表
  - 构成　表头、表身、表脚（即表格的制作）
  - 分类　单一表（如登记表）、一览表（如汇总表）

调查方式
- 普查
  - 注意点
    - 明确调查单位、指标、分组
    - 确定调查时间、期限
  - 组织方式　直接登记、单位填报
- 抽样调查
  - 概念　依随机原则，从总体中抽样本，据此推断总体数量特征的方法
  - 特点　随机性、误差可控
  - 方法
    - ① 随机抽　需要编制"抽样框"，是最基本的方法
    - ② 分层抽　按标志分组后再抽，误差小
    - ③ 等距抽　按固定间隔抽，高效，间距 $K=N/n$
    - ④ 整群抽　针对均匀且大总体，节省经费
  - 关于误差
    - 误差计算的理论依据　$P=\sigma/\sqrt{N}$
    - 误差比较　分层<等距<整群<随机
- 重点调查
  - 何为重点
    - 某单位在某一方面的标志总量占总体比重较大
    - 重点对象一定是客观存在而非主观指定
- 典型调查
  - 划类选典　先划类型，再在各类型中按比例选取，适用于总体结构复杂的情况
  - 解剖麻雀　针对中等水平单位，具有代表性
  - 突出选典　针对优、差两级单位，揭示成功或失败的内因

调查资料的搜集方法
- 原始资料搜集
  - 直接观察法　简单直接，亲临现场（需要人、物、时）
  - 报表法　填表上报，制度完善（虚假数据是问题）
  - 面谈　入户或街头拦截（简单有效）
  - 问卷调查法　开放式、封闭式、半封闭式
  - 网络调查法　电子邮件、在线调查（范围广、速度快、成本低）
- 次级资料搜集
  - 文案调查　判断资料类型→寻找来源→查找→整理
  - 优缺点　方便快捷、时间有局限性（如历史资料）

调查的质量控制
- 调查误差的种类
  - 登记性误差（理论上可以消除）
  - 代表性误差（抽样误差，客观存在不可消除）　统计学默认的误差类型
- 误差的控制途径　见抽样推断相关篇章，主要是一些计算方法和公式

说明： 对于统计调查，主要掌握一些常用的调查方法和调查类别。

知识导图 3 统计整理

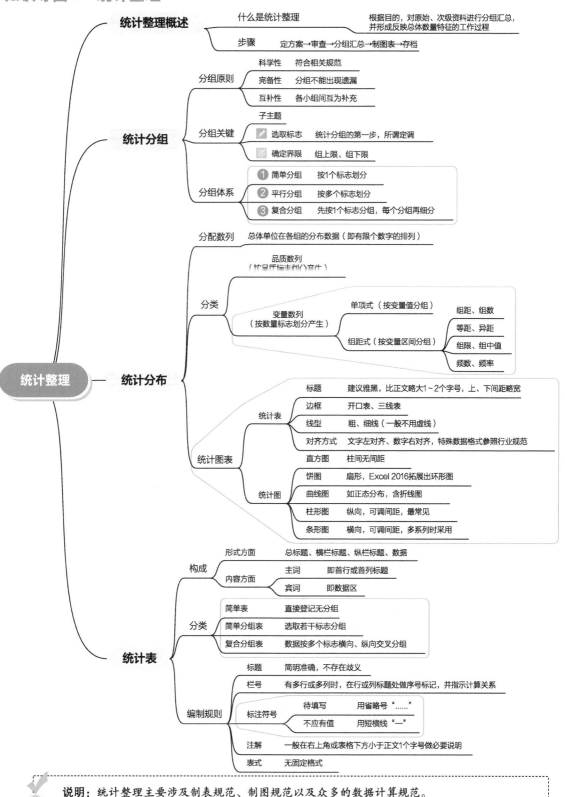

说明：统计整理主要涉及制表规范、制图规范以及众多的数据计算规范。

知识导图4 统计指标

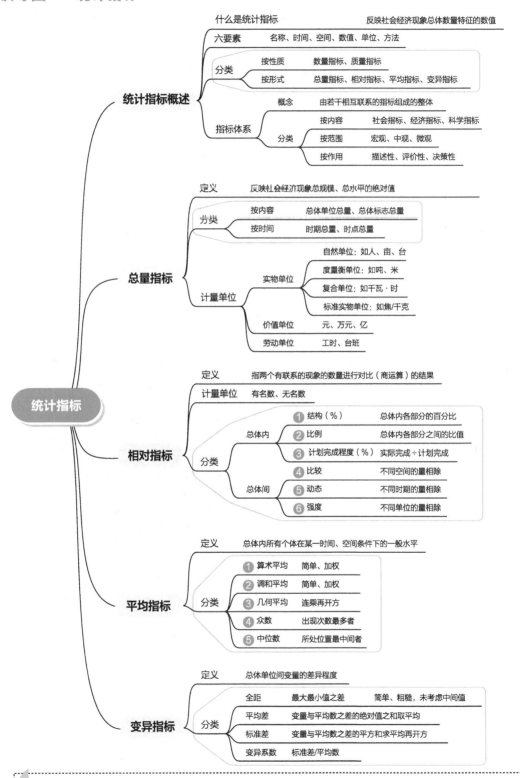

| 什么是统计指标 | 反映社会经济现象总体数量特征的数值 |

统计指标

统计指标概述
- 六要素　名称、时间、空间、数值、单位、方法
- 分类
  - 按性质　数量指标、质量指标
  - 按形式　总量指标、相对指标、平均指标、变异指标
- 指标体系
  - 概念　由若干相互联系的指标组成的整体
  - 分类
    - 按内容　社会指标、经济指标、科学指标
    - 按范围　宏观、中观、微观
    - 按作用　描述性、评价性、决策性

总量指标
- 定义　反映社会经济现象总规模、总水平的绝对值
- 分类
  - 按内容　总体单位总量、总体标志总量
  - 按时间　时期总量、时点总量
- 计量单位
  - 实物单位
    - 自然单位：如人、亩、台
    - 度量衡单位：如吨、米
    - 复合单位：如千瓦·时
    - 标准实物单位：如焦/千克
  - 价值单位　元、万元、亿
  - 劳动单位　工时、台班

相对指标
- 定义　指两个有联系的现象的数量进行对比（商运算）的结果
- 计量单位　有名数、无名数
- 分类
  - 总体内
    - ① 结构（%）　总体内各部分的百分比
    - ② 比例　总体内各部分之间的比值
    - ③ 计划完成程度（%）　实际完成÷计划完成
  - 总体间
    - ④ 比较　不同空间的量相除
    - ⑤ 动态　不同时期的量相除
    - ⑥ 强度　不同单位的量相除

平均指标
- 定义　总体内所有个体在某一时间、空间条件下的一般水平
- 分类
  - ① 算术平均　简单、加权
  - ② 调和平均　简单、加权
  - ③ 几何平均　连乘再开方
  - ④ 众数　出现次数最多者
  - ⑤ 中位数　所处位置最中间者

变异指标
- 定义　总体单位间变量的差异程度
- 分类
  - 全距　最大最小值之差　简单、粗糙，未考虑中间值
  - 平均差　变量与平均数之差的绝对值之和取平均
  - 标准差　变量与平均数之差的平方和求平均再开方
  - 变异系数　标准差/平均数

> **说明**：统计指标主要涉及指标的分类、指标的表示、指标的计算方法等。

知识导图 5　时间序列与统计指数

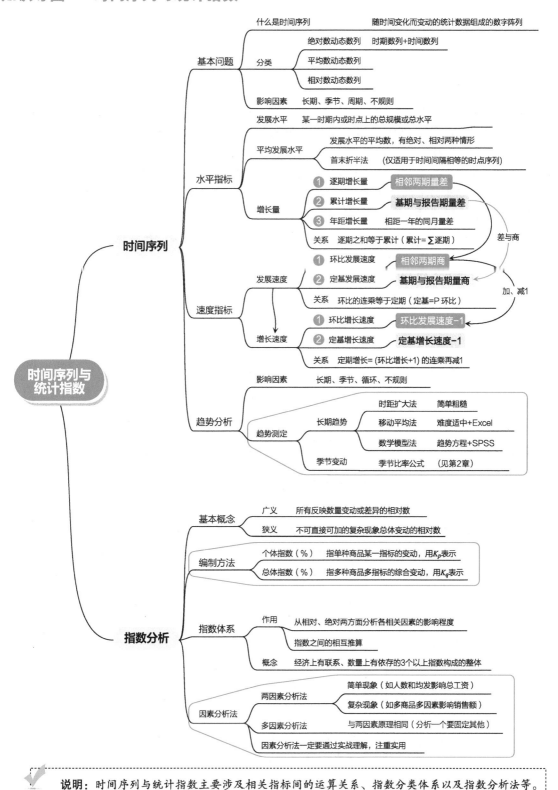

说明：时间序列与统计指数主要涉及相关指标间的运算关系、指数分类体系以及指数分析法等。

项目2 数据处理与分析任务体系（MOS Excel 国际认证）

Microsoft Office Specialist（MOS）即"微软办公软件国际认证"，是全球 IT 及计算机应用能力权威机构 Certiport 与 Microsoft 共同推出的对微软 Office 系列软件的实际运用能力的考核，为 Microsoft 唯一认可的国际级的专业认证。MOS 认证覆盖全球 160 多个国家和地区，可使用中文、英文、日文、德文、法文等 24 种语言文字进行考试。

据统计，85% 以上的现代企业，尤其是合资企业、外资企业均对商务数据处理相关能力提出了明确的资格要求。Excel 作为统计数据处理与分析领域的主流平台，是日常办公应用与商务数据处理的必备软件。实践表明，通过 MOS 认证的人员，在数据处理和应用方面具有卓越的实战能力，得到行业的高度认可。

本项目将重点介绍 MOS 认证的任务体系，分为专业级、专家级两个等级。

体系 1　MOS-Excel 2016 操作任务体系(专业级)

操作项目	任务点	实战重要级别
创建和管理工作表与工作簿		
创建工作簿和工作表	创建工作簿	★
	用分隔符分隔的文本文件导入数据	★★
	向现有工作簿添加工作表	★
	复制和移动工作表	★★★★
在工作表和工作簿中导航	搜索工作簿中的数据	★★
	导航到已命名的单元格、区域或工作簿元素	★
	插入和删除超链接	★
设置工作表和工作簿格式	更改工作表选项卡颜色	★
	重命名工作表	★
	更改工作表顺序	★
	修改页面设置	★★★★
	插入和删除列或更改工作簿主题	★★
	调整行高和列宽	★★★★★
	插入页眉和页脚	★★
自定义工作表/簿的选项	隐藏或取消隐藏工作表	★★
	隐藏或取消隐藏列和行	★★★

（续）

操作项目	任务点	实战重要级别
创建和管理工作表与工作簿		
自定义工作表/簿的选项	自定义快速访问工具栏	★
	更改工作簿或窗口视图	★★★
	修改文档属性	★★
	使用缩放工具更改缩放	★★★
	显示公式	★
配置工作表和工作簿	设置打印区域	★★★★
	以可选文件格式保存工作簿	★★★★★
	打印全部或部分工作簿	★★★
	设置打印缩放比例	★★★★
	在多页工作表上显示重复的行和列标题	★★★★
	检查工作簿是否包含隐藏属性或个人信息	★
	检查工作簿是否存在辅助功能问题	★★
	检查工作簿是否存在兼容性问题	★★★
管理数据单元格和区域		
在单元格和区域中插入数据	替换数据	★★★★★
	剪切、复制或粘贴数据	★
	使用特殊粘贴选项粘贴数据	★★★★★
	使用自动填充填充单元格	★★★★★
	插入和删除单元格	★★★
设置单元格和区域格式	合并单元格	★★★★
	修改单元格对齐和缩进	★★
	使用格式刷设置单元格的格式	★★★
	在单元格中自动换行	★★★★
	应用数字格式	★★★★★
	应用单元格格式	★★★
	应用单元格样式	★★★★
汇总和组织数据	插入迷你图、大纲数据	★★
	插入小计	★★★
	应用条件格式	★★★★★
创建表格		
创建和管理表格	从单元格区域创建 Excel 表格	★★★★★
	将表格转换为单元格区域	★★★★
	添加或删除表格行和列	★★
	将样式应用到表格	★★★★

（续）

操作项目	任务点	实战重要级别
创建表格		
创建和管理表格	配置表格样式选项	★ ★ ★ ★
	插入总计行	★ ★ ★
筛选和排序表格	筛选记录	★
	通过多列对数据排序	★ ★ ★ ★ ★
	更改排序顺序	★ ★ ★
	删除重复记录	★ ★ ★ ★
	插入引用	★ ★
使用公式和函数执行操作		
使用函数汇总数据	使用 SUM 函数执行计算	★ ★
	使用 MIN 和 MAX 函数执行计算	★
	使用 COUNT 函数执行计算	★ ★
	使用 AVERAGE 函数执行计算	★
在函数中使用条件逻辑	使用 IF 函数执行逻辑运算	★ ★ ★ ★ ★
	使用 SUMIF 函数执行逻辑运算	★ ★ ★ ★
	使用 AVERAGEIF 执行逻辑运算	★ ★ ★
	使用 COUNTIF 函数执行统计运算	★ ★ ★ ★ ★
使用函数设置文本格式	使用 RIGHT、LEFT 和 MID 函数设置文本格式	★ ★ ★ ★
	使用 UPPER、LOWER 和 PROPER 设置文本格式	★
	使用 CONCATENATE 函数设置文本格式	★
创建图表和对象		
创建图表	创建新图表	★ ★ ★ ★ ★
	添加其他数据序列	★ ★ ★ ★
	在源数据的行和列之间切换	★ ★ ★
	使用快速分析来分析数据	★ ★
设置图表格式	调整图表大小	★ ★
	添加和修改图表元素	★ ★ ★ ★ ★
	应用图表布局和样式	★ ★ ★ ★
	将图表移动到图表工作表	★
插入对象并设置格式	插入文本框和形状	★ ★ ★ ★
	插入图像	★ ★ ★ ★
	修改对象属性	★ ★
	向对象添加替代文本以实现辅助功能	★

说明：MOS 认证（专业级）注重基础应用，几乎覆盖了日常统计数据和处理与分析业务，凡三星以上的任务点无论在任何应用场景下都必须精熟。

体系 2 MOS-Excel 2016 操作任务体系（专家级）

操作项目	任务点	实战重要级别
管理工作簿选项和设置		
管理工作簿	将工作簿另存为模板	★
	在工作簿之间复制宏	★
	引用另一个工作簿中的数据	★★
	使用结构化引用数据	★★
	在工作簿中启用宏	★
	显示隐藏的功能区选项卡	★★
管理工作簿审阅	限制编辑	★★
	保护工作表	★★
	配置公式计算选项	★
	保护工作簿结构	★★★
	管理工作簿版本	★
	使用密码加密工作簿	★★★
应用自定义格式和布局		
应用自定义数据格式和验证	创建自定义数字格式	★★★★
	使用高级"填充序列"选项填充单元格	★★★★
	配置数据有效性	★★★
应用高级条件格式筛选	创建自定义条件格式规则	★★★★★
	创建使用公式的条件格式规则	★★★★
	管理条件格式规则	★★★
创建和修改自定义工作簿元素	创建自定义颜色格式	★
	创建和修改单元格样式	★★★
	创建和修改自定义主题	★
	创建和修改简单宏	★
	插入和配置表单控件	★★
准备国际化工作簿	以多种国际格式显示数据	★
	应用国际货币格式	★★
	管理"＋正文"和"＋标题"字体的多种选项	★

（续）

操作项目	任务点	实战重要级别
创建高级公式		
在公式中应用函数	使用 AND、OR 和 NOT 函数执行逻辑运算	★★★
	使用嵌套函数执行逻辑运算	★★★
	使用 SUMIFS、AVERAGEIFS 和 COUNTIFS 函数执行统计运算	★★★★★
使用函数查找数据	使用 VLOOKUP 函数查找数据	★★★★★
	使用 HLOOKUP 函数查找数据	★★★
	使用 MATCH 函数查找数据	★★★★
	使用 INDEX 函数查找数据	★★★★
应用高级日期和时间函数	使用 NOW 和 TODAY 函数引用日期和时间	★★★★
	使用日期和时间函数序列化数字	★★★★★
执行数据分析和商业智能	导入、转换、组合、显示和连接到数据	★★★
	合并数据	★★★
	使用单变量求解和方案管理器执行模拟分析	★
	使用多维数据集函数从 Excel 数据模型中获取数据	★★★★
	使用财务函数计算数据	★★★★
分式故障排除	跟踪优先级和依赖项	★
	使用"监视窗口"监视单元格和公式	★★★
	使用错误检查规则验证公式	★★
	评估公式	★
定义命名区域和对象	命名单元格	★
	命名数据区域	★
	命名表格	★★★
	管理命名区域和对象	★★★
创建高级图表和表格		
创建高级图表元素	向图表添加趋势线	★★
	创建双轴图表	★★★★
	将图表另存为模板	★★
创建和管理数据透视表	创建数据透视表	★★★★★
	修改字段选择的选项	★★★
	创建切片器	★★★

（续）

操作项目	任务点	实战重要级别
创建高级图表和表格		
创建和管理数据透视表	分组数据透视表数据	★ ★
	使用 GETPIVOTDATA 函数引用数据透视表中的数据	★ ★ ★ ★
	添加计算字段	★ ★ ★ ★
	设置数据的格式	★ ★ ★ ★
创建和管理数据透视图	创建数据透视图	★ ★ ★ ★ ★
	操作现有数据透视图中的选项	★ ★ ★ ★
	向数据透视图应用样式	★ ★ ★
	向下钻取数据透视图详细信息	★ ★ ★ ★

　　说明： MOS 认证（专家级）注重数据的高级处理与多维分析，涉及数据处理的核心业务，要求操作者对 Excel 有较深刻的理解，专门从事数据管理的人员必须全部掌握，同时要具备多平台协同作业的能力。

函数篇

    Excel 作为数据处理领域的优秀代表，除了出色的软件架构以外，Excel 内置函数则是其领先业界的有力组件，函数使得 Excel 具备了强大的竞争力。在最新版的 Excel 2019 中，内置函数达 400 多种，共分 11 类，分别是数据库函数、日期与时间函数、工程函数、财务函数、信息函数、逻辑函数、查询和引用函数、数学和三角函数、统计函数、文本函数以及用户自定义函数。

    在我们日常的统计数据处理工作中，一般会用到 40 余种 Excel 函数。本篇我们选用了最常用的如 IF、SUMIFS、COUNTIFS、文本/日期函数、SUBTOTAL、VLOOKTP、MATCH、INDEX、INDIRECT、OFFSET 等 10 类基本函数。虽然这些函数在数量上只占到 Excel 全部内置函数的一小部分，但它们却是 Excel 中使用频率最高的函数群，支撑了我们日常办公与数据处理工作的大部分应用场景。

    对于函数，读者在掌握了最基本的函数语法之后，需要花费大量的时间和精力，通过反复的实践应用才能较好地掌握，我们始终追求引用最少的函数和数据表完成任务，以"思路清晰、准确高效、运行流畅、复用性好"为基本原则。

企业级十大常用函数

1	IF	6	VLOOKUP
2	SUMIFS	7	MATCH
3	COUNTIFS	8	INDEX
4	文本/日期函数	9	INDIRECT
5	SUBTOTAL	10	OFFSET

十大常用统计函数

Excel 2019 内置有 430 余种函数,我们日常的统计工作往往集中于数据处理,期间会遇到各类数据的整理、计算、统计、汇总。从经典函数到随不同版本而更新或增加的函数,使用频率较高的大约有 40 余种,本章精选讲解其中的 10 类独立函数,本书称其为"Excel 十大明星函数"。在第 3 章还会拓展出 10 类组合函数,可解决大部分的数据处理任务。

本章所有案例均有源数据供下载练习,读者可以通过下载学习通 APP 或登录学银在线(https://www.xueyinonline.com/)进行在线学习或下载课程有关数据素材。

项目 1　逻辑判断函数 IF

【函数简介】IF 函数是 Excel 中最简短的函数之一。IF 函数看似简单,但擅用者或能够真正用好的人并不多,因为它对应用者的逻辑思维和数据自身的逻辑性要求特别高。IF 函数可以解决许多筛选、查询、判断问题,应用范围极其广泛,是条件判断的核心函数。

【基本功能】根据指定的条件来判断其"真"(TRUE)或"假"(FALSE),根据逻辑计算的真假值,从而返回指定的内容。通常用来对数值和公式进行条件检测。

【应用场景】数据整理,条件匹配。

【语法结构】IF(判断条件,判断为真时返回的值,判断为假时返回的值)

【源数据】工院 HS – Excel 2019 – Project1 – 逻辑判断函数 IF

任务 1　成绩等级判定

【任务分析】根据成绩标准计算,判定成绩等级,这是 IF 函数最为典型的应用类型。通常,我们根据成绩区间划分进行逐层嵌套即可。

【操作要点】条件的层次(逻辑)关系、函数语法应用。

【操作流程】

❶ 分析源数据。[0,100] 的成绩区间被 60、80、90 这 3 个分点划分为 4 个区间段,如图 2 – 1 所示。

成绩标准

成绩区间	等级
0	差
60	中
80	良
90	优

成绩等级

查询成绩	等级
59	
65	
80	
99	

图 2－1　IF 任务 1 源数据

② 编写函数。IF 函数语法表明，有 n 个分点代表嵌套了 n 层（本例 IF 参数中有 3 组 "（）"，每组代表 1 个条件）。如图 2－2 所示，首先在 E3 单元格中开始编写函数，完成后按【Enter】键返回结果。

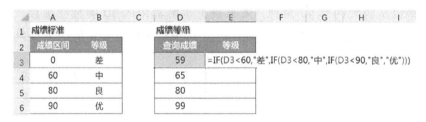

图 2－2　任务 1 函数参数

③ 填充公式。如图 2－3 所示，双击 E3 单元格右下角黑色十字形填充标记，对其余空白格进行公式填充。

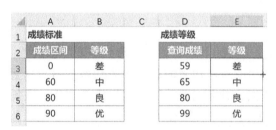

图 2－3　公式填充

任务 2　销售提成

【任务分析】根据销售额提成标准计算销售人员提成金额。这也是 IF 函数的基本应用类型，根据提成标准先计算提成基数，再计算提成金额。语法结构上与任务 1 相同。

【操作要点】条件的层次（逻辑）关系、函数语法应用、数字格式。

【操作流程】

① 分析源数据。[0，+∞] 的销售额区间被 500、1000、2000 这 3 个分点划分为 4 个区间段，如图 2－4 所示。

② 编写函数。同任务 1，本例中的 IF 函数仍嵌套 3 层。在 F10 中编写函数，如图 2－5 所示。

销售额提成基数标准

销售额	基数
0	0.50%
500	0.80%
1000	1.00%
2000	2.00%

销售业绩统计

销售人员	销售额	提成基数	提成金额
Enna	660		
Hill	1080		
Jack	490		
Rose	3800		

图 2-4　IF 任务 2 源数据

	D	E	F	G	H	I	J
8	销售业绩统计						
9	销售人员	销售额	提成基数	提成金额			
10	Enna	660	=IF(E10<500,0.5%,IF(E10<1000,0.8%,IF(E10<2000,1%,2%)))				
11	Hill	1080					
12	Jack	490					
13	Rose	3800					

图 2-5　任务 2 函数参数

③ 填充公式。如任务 1，双击 F10 单元格右下角的十字形填充标记向下填充，然后选中 F10:F13 单元格区域，通过主菜单或鼠标右键菜单中的命令更改单元格格式为【百分比】类型，并设置小数点后两位显示，如图 2-6 所示。

销售人员	销售额	提成基数	提成金额
Enna	660	0.80%	
Hill	1080	1.00%	
Jack	490	0.50%	
Rose	3800	2.00%	

图 2-6　填充效果

④ 计算提成。提成金额 = 销售额 × 提成基数，在 G10 单元格编写公式计算销售员 Enna 的提成金额，如图 2-7 所示。

⑤ 填充公式。双击 G10 单元格右下角的十字形填充标记向下填充，完成对所有销售人员的提成计算，如图 2-8 所示。

	D	E	F	G
9	销售人员	销售额	提成基数	提成金额
10	Enna	660	0.80%	=E10*F10
11	Hill	1080	1.00%	
12	Jack	490	0.50%	
13	Rose	3800	2.00%	

图 2-7　提成金额计算

	D	E	F	G
9	销售人员	销售额	提成基数	提成金额
10	Enna	660	0.80%	5.28
11	Hill	1080	1.00%	10.8
12	Jack	490	0.50%	2.45
13	Rose	3800	2.00%	76

图 2-8　计算结果

【总结提高】

❶ IF 函数的参数分"直接输入"和"单元格引用"两种。在本例 IF 函数条件判断参数中，参数是直接输入的，这就意味着区间分级标准可以不用体现在表格中；否则，条件参数要引用区间划分标准表格中相应的单元格，这种方式下的计算结果是动态的，即计算结果随着源数据的变化而变化，这样更科学、高效。在实际工作中建议采用第二种方式，即动态公式方式。

❷ 在任务 2 中，提成金额可以将提成基础与提成金额"合二为一"，一次性计算完成，

其计算公式应为 " =IF(E10 <500,0.5%,IF(E10 <1000,0.8%,IF(E10 <2000,1%,2%))) *E10"。

③ 本项目主要是体会 IF 函数的逻辑结构和用法。事实上，本项目可用 VLOOKUP 函数替代 IF 函数，而且更高效、更简短，后续章节有对 VLOOKUP 具体用法的讲解。

④ IF 函数语法结构解析如图 2-9 所示。

图2-9 IF 函数语法结构解析图示

项目2 多条件求和函数 SUMIFS

【函数简介】SUMIFS 函数是 SUMIF 函数的延伸，两者在语法结构上略有不同，主要是参数的顺序安排相反。在 SUMIFS 函数中，求和区域在前，多个条件并列在后；而在 SUMIF 函数中，判断条件在前，求和区域在后，且只允许设置一个条件。

【基本功能】SUMIFS 函数可对多条件单元格快速求和。具体来说，SUMIFS 函数将对所有条件逐个判断，对同时满足所有条件的单元格，求指定区域的和。从 Excel 帮助文件来看，其求和条件可多达 256 个。

【应用场景】列表多条件求和统计。

【语法结构】SUMIFS(求和区域,条件区域 1,条件 1,条件区域 2,条件 2,……)

【源数据】工院 HS –Excel 2019 –Project 2 –多条件求和函数 SUMIFS

任务 1 双条件求和

【任务分析】根据员工工资明细表计算以"赵"姓开头且职务为"员工"的工资之和。这是 SUMIFS 函数最基本的应用类型，属双条件求和。其中，对"赵"姓的处理是本任务中的一个重要知识点。

【操作要点】语法结构、通配符。

【操作流程】

① 分析源数据。本任务源数据字段清晰，所有列数据均可作为条件区域，而求和区域一般为工资列或津贴列，如图 2-10 所示。

② 编写函数。条件中"赵"姓人员用通配符"*"处理，即用"赵 *"表示所有赵姓人员。在 F2 单元格中输入函数，如图 2-11 所示。

姓名	职务	工资	津贴
苏玉明	员工	5620	2810
苏哲明	员工	5269	2600
侯平亮	员工	6582	3291
沙金瑞	总经理	9293	4520
高凤小	员工	5875	2987
祁伟同	组长	7990	3995
高亮育	副总经理	8982	4491
高琴小	员工	8005	4215
王凯俊	员工	7820	3910
鹿晗晗	员工	7775	3987
靳东东	员工	6866	3433
孙城连	组长	7889	3921
赵颖丽	员工	5998	2999
苏 大	员工	6866	3433
田福国	副总经理	8820	4410
李康达	组长	8080	4040
赵来东	员工	7980	3990
季明昌	组长	8152	4076

赵姓且为员工的工资总和

津贴界于[4000,5000)元的组长的工资总和

图 2 – 10 SUMIFS 源数据

	A	B	C	D	E	F	G
1	成绩区间	职务	工资	津贴		赵姓且为员工的工资总和	
2	苏玉明	员工	5620	2810		=SUMIFS(C2:C19,A2:A19,"赵*",B2:B19,"员工")	
3	苏哲明	员工	5269	2600			

图 2 – 11 任务 1 函数参数

任务 2 多条件求和

【任务分析】计算津贴大于等于 4000 且小于 5000 的组长的工资总和。其中，津贴的条件是逻辑不等式，需要两组条件加以限定，因此本例是 3 个条件。语法结构与任务 1 相同。

【操作要点】逻辑不等式、多条件语法。

【操作流程】

❶ 分析条件。津贴区间［4000,5000）在函数中可以分解为" > =4000"和" <5000"两部分，即两个条件。其中，逻辑不等式条件要用双引号表示。

❷ 编写函数。参照任务 1 的函数语法，在 F5 单元格内输入函数，如图 2 – 12 所示，计算结果如图 2 – 13 所示。

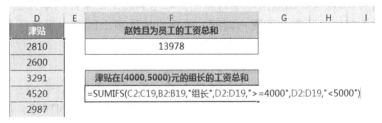

图 2 – 12 任务 2 函数参数

姓名	职务	工资	津贴
苏玉明	员工	5620	2810
苏哲明	员工	5269	2600
侯平亮	员工	6582	3291
沙金瑞	总经理	9293	4520

赵姓且为员工的工资总和
13978

津贴界于[4000,5000)元的组长的工资总和
16232

图 2-13 任务 2 计算结果

【总结提高】

❶ SUMIFS 函数与 SUMIF 函数的区别有两点：参数数量和参数顺序。

如在 SUMIFS 函数中，对赵姓员工工资求和，函数应为 "=SUMIFS(C2:C19,A2:A19,"赵*",B2:B19,"员工")"；而在 SUMIF 函数中对赵姓员工工资求和，函数应为 "=SUMIF(A2:A19,"赵*",C2:C19)"。

❷ 在 Excel 中，通配符一般有 "*" 和 "?" 两种。

"*" 代替零个、单个或多个字符，"?" 只代替一个字符。例如 "甘肃省*" 可表示任何以 "甘肃省" 字符开头的字符串（也包括甘肃省），而 "甘肃省??市" 只可能模糊替代如 "甘肃省兰州市""甘肃省天水市" 等，而无法匹配到 "甘肃省嘉峪关市"。

❸ SUMIFS 函数语法结构解析如图 2-14 所示。

图 2-14 SUMIFS 函数语法结构解析图示

项目3 多条件计数函数 COUNTIFS

【函数简介】COUNTIFS 函数是 COUNTIF 函数的延伸，两者在语法结构上类似。COUNTIF 函数针对单一条件，COUNTIFS 函数可以实现多条件同时统计，是多条件统计的核心函数。

【基本功能】COUNTIFS 函数用来统计多个区域中满足给定条件的单元格的个数。具体来说，COUNTIFS 函数将对所有条件逐一判断，最终将统计多个区域中满足所有条件的单元格个数。从 Excel 帮助文件来看，其并列统计条件最多可达 256 个。

【应用场景】列表多条件个数统计。

【语法结构】COUNTIFS(条件区域1,条件1,条件区域2,条件2,……)

【源数据】工院 HS-Excel 2019-Project3 – 多条件计数函数 COUNTIFS

任务 1　双条件计数

【任务分析】根据职员工资明细表计算工资在 [6000,8000) 区间的人数，以及职务为员工且工资大于等于 6000 的人数。本例为双条件计数，是 COUNTIFS 函数基于逻辑不等式判定条件的应用类型。两个条件分别是不等式的两个端点。

【操作要点】语法结构、逻辑不等式。

【操作流程】

❶ 分析源数据。本任务源数据字段明确，参照项目 2 任务 2 中 SUMIFS 函数中对逻辑不等式的参数规范进行编写即可，如图 2－15 所示。

姓名	职务	工资	津贴
苏玉明	员工	5620	2810
苏哲明	员工	5269	2600
侯平亮	员工	6582	3291
沙金瑞	总经理	9293	4520
高凤小	员工	5875	2987
祁伟同	组长	7990	3995
高亮育	副总经理	8982	4491
高琴小	员工	8005	4215
王凯俊	员工	7820	3910
鹿晗晗	员工	7775	3987
靳东东	员工	6866	3433
孙城连	组长	7889	3921
赵颖丽	员工	5998	2999
苏　大	员工	6866	3433
田福国	副总经理	8820	4410
李康达	组长	8080	4040
赵来东	员工	7980	3990
季明昌	组长	8152	4076

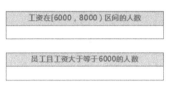

图 2－15　COUNTIFS 源数据

❷ 编写函数。按照 COUNTIFS 函数的语法格式编写即可，如图 2－16 和图 2－17 所示。

图 2－16　任务 1 函数参数 A　　　　**图 2－17　任务 1 函数参数 B**

任务 2　动态条件计数

【任务分析】在任务 1 中，COUNTIFS 函数的参数是直接输入的。在实际工作中，为了便于更新和调整，参数往往是引用它表，统计结果随它表变化而变化，即参数是动态的。在本任务中我们设置两个它表进行引用，如图 2－18 所示。

【操作要点】连接符、删除重复项。

【操作流程】

❶ 分析源数据。本任务限定了最值区间的条件，我们在参数中可引用最值单元格，将其与不等号通过连接符"&"连接。

处理职务类别时，先全选源数据职务列，然后使用【数据】菜单中的【删除重复项】工具，生成职务信息唯一值。

❷ 编写函数。对最值区间内的人数统计是多条件计数，应用 COUNTIFS 函数完成；对给定职务对应人数的统计是单条件计数，用 COUNTIF 函数即可完成，函数参数如图 2-19 和图 2-20 所示。

图 2-18 任务 2 条件

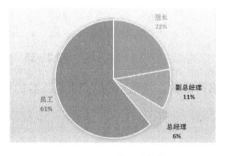

图 2-19 任务 2 函数参数 A

❸ 根据统计结果，插入图表。饼图样式（样式 9/白色边框/渐变背景填充/总经理为【点爆炸型】）如图 2-21 所示。

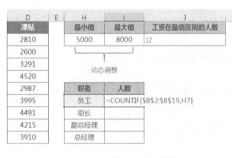

图 2-20 任务 2 函数参数 B

图 2-21 任务 2 统计图

【总结提高】

❶ COUNTIFS 函数中条件参数的顺序是任意的，不影响统计结果。

❷ 任务 2 中使用了连接符"&"，这是在逻辑不等式区间情况下动态参数引用时连接不等号与单元格的常用做法，在其他单元格与符号的混合引用案例中也较为常见。

❸ COUNTIFS 函数语法结构解析如图 2-22 所示。

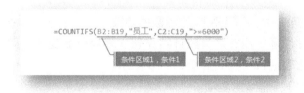

图 2-22 COUNTIFS 函数语法结构解析图示

项目 4　文本/日期函数 LEFT 系列

【函数简介】在日常的统计数据整理中，经常遇到对文本、字符串、日期等类型数据的处理，如拆分与组合，这主要涉及两类函数：文本函数、日期函数。在本项目中，文本函数有 LEFT、MID、RIGHT、LEN、CONCATENATE、PHONETIC，日期函数有 YEAR、MONTH、DAY、DATE、EDATE 等。以上这些函数都是文本/日期数据处理的核心函数。

【基本功能】文本/日期函数主要用于字符串的拆分与提取、字符的组合与连接。在数据统计与处理工作中，经常涉及数据格式及文字处理，通过文本/日期函数可以快速完成对文本或日期的提取、分解、组合等操作，搭配【设置单元格格式】菜单中的【分列】、【快速填充】等特色功能可以解决绝大部分数据的格式化问题。

【应用场景】列表文本整理。

【语法结构】详见表 2-1。

表 2-1　文本/日期函数功能与语法结构一览表

函数类型	函数名	功能	语法结构
文本函数	LEFT	从文本左端向右提取	LEFT(单元格,长度)
文本函数	MID	从文本内部某位置向右提取	MID(单元格,位置,长度)
文本函数	RIGHT	从文本右端向左提取	RIGHT(单元格,长度)
文本函数	LEN	计算单元格内文本长度	LEN(单元格)
文本函数	CONCATENATE	任意文本逐个连接	CONCATENATE(文本1,文本2,……)
文本函数	PHONETIC	单元格区域连接	PHONETIC(单元格区域)
日期函数	YEAR	从日期中提取年	YEAR(日期单元格)
日期函数	MONTH	从日期中提取月	MONTH(日期单元格)
日期函数	DAY	从日期中提取日	DAY(日期单元格)
日期函数	DATE	组合年月日为完整日期	DATE(年,月,日)
日期函数	EDATE	返回指定日期相隔月份的日期	EDATE(日期单元格,月数)

【源数据】工院 HS-Excel 2019-Project4 - 文本日期函数

任务1　文本函数

【任务分析】文本函数数量不少，但应用较为简单，出错率较低。结合表 2-1 给出的函数语法与基本功能，在需返回结果的单元格内直接编写即可。需要注意的是，

CONCATENATE 和 PHONETIC 这两个函数对连接字符的要求不同：前者不区分文本与数值，可连接任意字符或字符串（但含有公式的单元格引用除外）；后者仅限于对纯文本字符或字符串进行连接，对数值型字符则会直接跳过。在实际应用时应加以区分。

【操作要点】语法结构、文本类型。

【操作流程】

❶ 分析源数据。源数据提供了 3 组地址，要求用 3 种方式提取省、市、区和门牌号，合并省、市、区，如图 2-23 所示。

姓名	地址	省	市	区	门牌号	省市区
侯平亮	甘肃省天水市麦积区花牛镇廿里铺街18号					
沙金瑞	江苏省南京市雨花区五四大街26号					
马云云	陕西省西安市碑林区书院街30号					

姓名	身份证号	年	月	日	出生日期	28个月后日期
侯平亮	62050219980315234X					
沙金瑞	620503199905072364					
马云云	620503200208173521					

我	们	要	"好	好	
学	习	，	天	天	PHONETIC
向	上"。	学生会	2025	年3月宣	

图 2-23　文本/日期函数源数据

❷ 编写函数。对省、市、区和门牌号的提取用 LEFT、MID、RIGHT 和 LEN 这 4 个函数完成，合并省、市、区分别用 "&"、CONCATENATE 函数和 PHONETIC 函数完成。函数参数设置如图 2-24 所示，计算结果如图 2-25 所示。

	A	B	C	D	E	F	G
1	姓名	地址	省	市	区	门牌号	省市区
2	侯平亮	甘肃省天水市麦积区花牛镇廿里铺街18号	=LEFT($B2,3)	=MID($B2,4,3)	=MID($B2,7,3)	=RIGHT($B2,LEN($B2)-9)	=C2&D2&E2
3	沙金瑞	江苏省南京市雨花区五四大街26号	=LEFT($B3,3)	=MID($B3,4,3)	=MID($B3,7,3)	=RIGHT($B3,LEN($B3)-9)	=CONCATENATE(C3,D3,E3)
4	马云云	陕西省西安市碑林区书院街38号	=LEFT($B4,3)	=MID($B4,4,3)	=MID($B4,7,3)	=RIGHT($B4,LEN($B4)-9)	=PHONETIC(C4:E4)

图 2-24　任务 1 函数参数

姓名	地址	省	市	区	门牌号	省市区
侯平亮	甘肃省天水市麦积区花牛镇廿里铺街18号	甘肃省	天水市	麦积区	花牛镇廿里铺街18号	甘肃省天水市麦积区
沙金瑞	江苏省南京市雨花区五四大街26号	江苏省	南京市	雨花区	五四大街26号	江苏省南京市雨花区
马云云	陕西省西安市碑林区书院街38号	陕西省	西安市	碑林区	书院街38号	

图 2-25　任务 1 计算结果

在对"陕西省西安市碑林区书院街 38 号"行的【省市区】合并中，用到了 PHONETIC 函数，其结果并未显示，其原因是省、市、区所在单元格为函数引用所得。根据 PHONETIC 函数的参数要求，合并对象必须为纯文本格式，因此结果未正常显示是因为本行地址信息不满足函数参数条件，这一点非常重要。

【**任务分析**】相对于文本函数来说，日期函数的处理对象相对单一，为日期相关数据。日期、时间数据占据了我们日常统计数据的很大一部分，特别是在从信息管理系统中导出的多字段、千行级以上数据中，日期和时间数据方面的问题尤为突出。本项目中所列出的日期函数仅能处理大部分日期及时间数据整理问题，还有一些要用到时间函数、自定义单元格格式以及主菜单下的一些功能项协同处理。总之，对日期与时间数据的处理考察的是数据处理人员的综合能力，相对而言，函数本身的作用比较有限。

【**操作要点**】语法结构、日期类型。

【**操作流程**】

❶ 分析源数据。源数据提供了 3 组身份证号，要求提取出生年、月、日，合并年、月、日，计算 28 个月后日期。根据身份证号的编码规则，出生日期为身份证号的第 7 ~ 14 位。

❷ 编写函数。对出生年、月、日的提取用 MID 函数完成；合并年、月、日用 DATE 函数完成；28 个月后日期用 EDATE 函数完成。其中，出生日期单元格格式设置为"2012 年 3 月 14 日"的样式，如图 2 - 26 所示。函数参数设置及计算结果如图 2 - 27 和图 2 - 28 所示。

图 2 - 26　设置单元格格式

	A	B	C	D	E	F	G
6	姓名	身份证号	年	月	日	出生日期	28个月后日期
7	侯平亮	620502199803152 34X	=MID($B7,7,4)	=MID($B7,11,2)	=MID($B7,13,2)	=DATE(C7,D7,E7)	=EDATE(F7,28)
8	沙金瑞	6205031999050 72364	=MID($B8,7,4)	=MID($B8,11,2)	=MID($B8,13,2)	=DATE(C8,D8,E8)	=EDATE(F8,28)
9	马云云	620503200208173521	=MID($B9,7,4)	=MID($B9,11,2)	=MID($B9,13,2)	=DATE(C9,D9,E9)	=EDATE(F9,28)

图 2 - 27　任务 2 函数参数

姓名	身份证号	年	月	日	出生日期	28个月后日期
侯平亮	62050219980315234X	1998	03	15	1998年3月15日	2000年7月15日
沙金瑞	620503199905072364	1999	05	07	1999年5月7日	2001年9月7日
马云云	620503200208173521	2002	08	17	2002年8月17日	2004年12月17日

图 2-28　任务 2 计算结果

任务 3　单元格区域内文本连接

【任务分析】对于多个单元格组成的单元格区域，无论单元格位置是否连续，均可通过 PHONETIC 函数进行连接，从应用上要比前面几类文本连接函数更为方便。但 PHONETIC 函数对连接对象有特殊要求，它无法连接数值型字符（如数字）、公式引用单元格。

【操作要点】连接类型。

【操作流程】

❶ 分析源数据。本例提供了一组字符串，其中有纯文本、数字、单元格引用、字符数字混合等 4 种类型。通过 PHONETIC 函数也可以验证连接字符的类型，如图 2-29 所示。

	A	B	C	D	E	F	G
11	我	们	要	"好	好		
12	学	书院街38号	，	天	天		PHONETIC
13	向	上"。	学生会	2025	年3月宣		

图 2-29　任务 3 源数据

❷ 编写函数。参考表 2-1 中 PHONETIC 函数语法结构及参数要求，在 F11 单元格内直接编写函数。函数参数设置及计算结果如图 2-30 和图 2-31 所示。

	A	B	C	D	E	F	G
11	我	们	要	"好	好		
12	学	=F4	，	天	天	=PHONETIC(A11:E13)	PHONETIC
13	向	上"。	学生会	2025	年3月宣		

图 2-30　任务 3 函数参数

	A	B	C	D	E	F	G
11	我	们	要	"好	好		
12	学	书院街38号	，	天	天	我们要"好好学，天天向上"，学生会年3月宣	PHONETIC
13	向	上"。	学生会	2025	年3月宣		

图 2-31　任务 3 计算结果

【总结提高】

❶ 在任务 1 中，对【门牌号】的提取用到了 LEN 函数，有时则会用到 LENS 函数。前者不区分全角、半角，无论全角或半角每个字符均计 1；后者每个全角字符计 2，每个半角字符计 1。

❷ YEAR、MONTH、DAY 这 3 个函数的用法较为简单，读者可自行编写数据进行练习。

❸ 除本项目列出的日期函数之外，常见的日期时间函数如下：

- EOMONTH 函数：返回距指定日期指定月数的月末日期；
- DATEDIF 函数：返回指定日期区间内的年数、月数、天数，含"年、月、日"三类参数；
- WEEKNUM 函数：返回指定日期距当年 1 月 1 日的星期数；
- WEEKDAY 函数：返回与日期对应的星期数；
- TODAY 函数：返回当前日期；
- NOW 函数：返回当前日期和时间。

❹ 在数据统计与分析中，对日期的数据规范性要求特别高。如果日期数据格式非法或不

规范，将无法完成数据整理。在众多的解决方案中，本项目以任务2中F7单元格为例，推荐采用以下两种函数形式：

范例1：=--TEXT(MID(B7,7,14),"0-00-00")，其结果显示为1998/03/05

范例2：=TEXT(MID(B7,7,14),"0-00-00")，其结果显示为1998-03-05

TEXT是日期数据格式化的重要函数，其参数写法非常多，用法灵活，读者需反复练习并记忆，此处不再赘述。

项目5　分类筛选统计函数 SUBTOTAL

【函数简介】通常，我们使用【数据】菜单中的【分类汇总】工具可以轻松创建带有分类汇总结果的列表，或者对某原始列表进行自动筛选后再继续进行求和、求平均值、计数、计算方差等操作。但是，对于经分类汇总或自动隐藏后的数据，若继续手动隐藏行，那么最后通过函数计算各类统计数据时将无法返回正确结果，这类现象在统计数据处理工作中较为常见。很多数据处理人员对这类现象的产生原因不了解，没有好的解决方案，甚至不能及时发现错误。本项目将对分类筛选统计函数SUBTOTAL进行较为全面地讲解，以有效解决上面提到的统计不完全及统计错误问题。

【基本功能】SUBTOTAL函数是分类汇总的核心函数，用法灵活，是统计工作者专业展示的利器。SUBTOTAL函数主要用来处理与隐藏数据有关的应用，在这一点上是其他函数无法代替的，也是其最显著的特点。

【应用场景】带有隐藏行的数据列表的分类统计。

【语法结构】SUBTOTAL(统计参数,统计区域)，详见表2-2。

【源数据】工院HS-Excel 2019-Project5-分类筛选统计函数SUBTOTAL

表2-2　SUBTOTAL语法结构一览表

统计范围	统计参数	统计类型（函数）	功能（返回值）
包含隐藏值	1	AVERAGE	算术平均值
包含隐藏值	2	COUNT	数值个数
包含隐藏值	3	COUNTA	非空单元格数量
包含隐藏值	4	MAX	最大值
包含隐藏值	5	MIN	最小值
包含隐藏值	6	PRODUCT	括号内所有数据的乘积
包含隐藏值	7	STDEV	估算样本的标准偏差
包含隐藏值	8	STDEVP	返回整个样本总体的标准偏差
包含隐藏值	9	SUM	求和
包含隐藏值	10	VAR	计算基于给定样本的方差
包含隐藏值	11	VARP	计算基于整个样本总体的方差

(续)

统计范围	统计参数	统计类型（函数）	功能（返回值）
忽略隐藏值	101	AVERAGE	数学平均值
忽略隐藏值	102	COUNT	数字的个数
忽略隐藏值	103	COUNTA	非空的个数
忽略隐藏值	104	MAX	最大值
忽略隐藏值	105	MIN	最小值
忽略隐藏值	106	PRODUCT	乘积
忽略隐藏值	107	STDEV	标准偏差
忽略隐藏值	108	STDEVP	标准偏差
忽略隐藏值	109	SUM	求和

任务1　基于自动筛选结果统计工资信息

【任务分析】工资信息包括平均工资、工资总和、最高工资、工资方差、员工人数等。求工资总和的常规做法是用 SUM 函数，求职务为"经理"的工资总和常用 SUMIF 函数或 SUMIFS 函数。在不考虑使用 SUMIF 函数或 SUMIFS 函数的情况下，任务 1 将对 SUM 函数和 SUBTOTAL 函数进行对比分析，理解两者的异同和 SUBTOTAL 函数的优势。

【操作要点】自动筛选、SUBTOTAL 函数。

【操作流程】

❶ 分析源数据。源数据给出所有人员的工资信息，如图 2-32 所示。

❷ 函数比较。在不筛选的情况下，利用 SUM 函数求所有人员工资总和，然后再自动筛选职务为【经理】的人员工资总和，结果为 133862，如图 2-33 所示。

用 SUBTOTAL 函数重复上述操作，其结果为"32111"，如图 2-34 所示。

姓名	职务	工资	津贴
苏玉明	员工	5620	2810
苏哲明	员工	5269	2600
侯平亮	员工	6582	3291
沙金瑞	总经理	9293	4520
高凤小	员工	5875	2987
祁伟同	经理	7990	3995
高亮育	副总经理	8982	4491
高琴小	员工	8005	4215
王凯俊	员工	7820	3910
鹿晗晗	员工	7775	3987
靳东东	员工	6866	3433
孙城连	经理	7889	3921
赵颖丽	员工	5998	2999
苏　大	员工	6866	3433
田福国	副总经理	8820	4410
李康达	经理	8080	4040
赵来东	员工	7980	3990
季明昌	经理	8152	4076

图 2-32　SUBTOTAL 源数据

	A	B	C	D
1	姓名	职务	工资	津贴
7	祁伟同	经理	7990	3995
13	孙城连	经理	7889	3921
17	李康达	经理	8080	4040
19	季明昌	经理	8152	4076
20			133862	

图 2-33　SUM 统计结果

	A	B	C	D
1	姓名	职务	工资	津贴
7	祁伟同	经理	7990	3995
13	孙城连	经理	7889	3921
17	李康达	经理	8080	4040
19	季明昌	经理	8152	4076
20			32111	

图 2-34　SUBTOTAL 统计结果

比较两者，在对自动筛选结果进行统计时：

1）SUM 函数不能正确显示筛选后人员的工资总额。

2）SUBTOTAL 函数能正确显示筛选后人员的工资总额。

> **结论：**使用 SUM 函数求和时包含隐藏数据，其结果与是否有隐藏行无关；使用 SUBTOTAL 函数求和时不包含自动隐藏数据，其结果只统计"可见单元格"数据。

任务 2 基于手动筛选结果统计工资信息

【任务分析】通过任务 1 的两函数对比分析来看，SUM 函数与 SUBTOTAL 函数的区别非常明显。然而，SUBTOTAL 函数的分类统计功能不止于此，在高级应用领域，SUBTOTAL 函数在进行分类筛选统计时，还可区分自动隐藏和手动隐藏两种类型，根据隐藏类型不同其结果也有所不同。

【操作要点】手动隐藏、SUBTOTAL 函数统计参数。

【操作流程】

函数对比。利用 SUBTOTAL 函数对源数据工资进行求和，SUBTOTAL 函数统计参数选用 9（即求和运算），隐藏表中前 10 人所在行，其统计结果为 133862。

用 SUBTOTAL 函数重复执行上述操作，而本次统计参数选用"109"（仍为求和运算），其统计结果为"60651"，如图 2-35 和图 2-36 所示。

姓名	职务	工资	津贴
靳东东	员工	6866	3433
孙城连	经理	7889	3921
赵颖丽	员工	5998	2999
苏　大	员工	6866	3433
田福国	副总经理	8820	4410
李康达	经理	8080	4040
赵来东	员工	7980	3990
季明昌	经理	8152	4076
SUBTOTAL统计参数为9时：		133862	×
SUBTOTAL统计参数为109时：		60651	√

图 2-35 任务 2 计算结果

	A	B	C	D
1	姓名	职务	工资	津贴
12	靳东东	员工	6866	3433
13	孙城连	经理	7889	3921
14	赵颖丽	员工	5998	2999
15	苏　大	员工	6866	3433
16	田福国	副总经理	8820	4410
17	李康达	经理	8080	4040
18	赵来东	员工	7980	3990
19	季明昌	经理	8152	4076
20	SUBTOTAL统计参数为9时：		=SUBTOTAL(9,C2:C19)	
21	SUBTOTAL统计参数为109时：		=SUBTOTAL(109,C2:C19)	

图 2-36 任务 2 统计参数

比较两者，在对手动筛选（即手动隐藏）结果进行统计时：

❶ 统计参数为 9 时，不能正确显示手动隐藏后筛选人员的工资总额。

❷ 统计参数为 109 时，能正确显示手动隐藏后筛选人员的工资总额。

> **结论：**在统计含手动隐藏数据时，统计参数为 9，SUBTOTAL 函数会统计手动隐藏的数据，统计结果达不到要求；统计参数为 109，SUBTOTAL 函数统计可见数据，满足要求。

SUBTOTAL 函数统计结果受统计参数的影响。项目 5 中 SUBTOTAL 函数统计参数及结果见表 2-3。

表2-3　项目5中SUBTOTAL函数统计参数及结果

统计参数	统计量	统计结果	统计参数	统计量	统计结果
1	算术平均值	7437	101	数学平均值	7437
2	数值个数	18	102	数字的个数	18
3	非空单元格数量	18	103	非空的个数	18
4	最大值	9293	104	最大值	9293
5	最小值	5269	105	最小值	5269
6	括号内所有数据的乘积	4.E+69	106	乘积	4.E+69
7	估算样本的标准偏差	1187	107	标准偏差	1187
8	返回整个样本总体的标准偏差	1154	108	标准偏差	1154
9	求和	133862	109	求和	133862
10	计算基于给定样本的方差	1409002			
11	计算基于整个样本总体的方差	1330724			

【总结提高】

❶ 自动筛选的本质是"隐藏"。所以，SUBTOTAL函数处理数据的关键在于准确判定隐藏数据的类型和数据隐藏顺序。通常，在自动筛选和手动隐藏混合的情况下，数据隐藏的顺序一般是先自动筛选，再手动隐藏，这样无论SUBTOTAL函数的统计参数为1~11还是101~109，都只统计"可见数据"。

❷ 在调用【公式】菜单下【自动求和】工具中的SUM函数时，最大的优势在于其便捷性和智能化。但当求和区域中存在空值单元格时，SUM函数只统计就近单元格区域。也就是说，SUM函数自动求和仅对连续单元格区域有效，这一点也大大限制了SUM函数的用途。而分类筛选统计函数SUBTOTAL则能完美解决此类问题。当然，SUBTOTAL函数常用于对【分类汇总】结果的二次处理，根据其统计参数的不同可以计算得到大多数应用所需的统计量，而且统计结果会随着数据行隐藏或显示动态显示，十分便利。

❸ SUBTOTAL函数语法结构解析如图2-37所示。

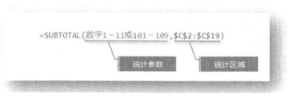

图2-37　SUBTOTAL函数语法结构解析图示

项目6　匹配查询函数 VLOOKUP

【函数简介】VLOOKUP函数是纵向查找函数，它与LOOKUP函数以及HLOOKUP函数同属于一类函数，在数据统计工作中有广泛应用。VLOOKUP函数主要用来核对数据，实现多个表格之间快速导入数据等，是数据查询匹配的核心函数，企业级必备函数。

【基本功能】VLOOKUP函数的功能可概括为列表数据库纵向查询，即根据查询线索在某区域中按列查找，最终返回该区域中指定列序下与查询线索相对应的值。与之对应的 HLOOKUP 函数是按行查询，用法基本相同。

【应用场景】列表数据库查询。

【语法结构】VLOOKUP（查询线索,查询数据库区域,返回列序,查询参数(0 或者 1)）

【源数据】工院 HS – Excel 2019 – Project6 – 匹配查询函数 VLOOKUP

任务1　常规一维查询

【任务分析】基于员工基本信息源数据表，根据所提供的职员编号查询姓名、工资等指定信息。这是 VLOOKUP 函数的常规应用，即一维查询，按照语法要求直接应用即可。

【操作要点】语法结构、查询参数。

【操作流程】

❶ 分析源数据。本任务源数据有 6 个字段信息，根据 I2 单元格提供的职员编号查询该职员的姓名、职务、性别、年龄、工资等信息，如图 2 – 38 所示。

❷ 编写函数。本任务中，查询线索为【编号】，查询区域为 B2:G19，返回列序分别为 2、3、4、5、6，查询参数为 0（即精确查询）。根据 VLOOKUP 函数语法要求在 J2 单元格内直接编写，如图 2 – 39 所示。

编号	姓名	职务	性别	年龄	工资
A0721	苏玉明	员工	女	29	5620
A0822	Tony	员工	男	31	5269
A0634	侯平亮	员工	男	27	6582
D0001	沙金瑞	总经理	男	49	9293
A1254	Robert	员工	男	32	5875
B2514	祁伟同	经理	男	36	7990
C3552	高亮育	副总经理	男	39	8982
A2111	高琴小	员工	女	24	8005
A3658	王凯俊	员工	男	29	7820
A8701	鹿晗晗	员工	男	31	7775
A6001	Kevin	员工	男	30	6866
B3232	孙城连	经理	男	34	7889
A4124	赵颖丽	员工	女	33	5998
A6871	Mary	员工	女	26	6866
C3339	田福国	副总经理	男	55	8820
B8129	李康达	经理	男	40	8080
A0007	赵来东	员工	男	38	7980
B0118	Emma	经理	女	30	8152

图 2 – 38　任务 1 源数据

编号	姓名	职务	性别	年龄	工资
A6001	=VLOOKUP(I2,B2:G19,2,0)				
A3658					
B0118					
C3552					
A6871					

图 2 – 39　任务 1 函数参数

❸ 填充数据。第❷步完成了对编号为“A6001”的姓名查询。在向右继续查询职务、性别、年龄、工资时，相对 J2 单元格中的函数来说，查询线索、查询区域、查询参数均不变，而返回列序要依次修改为 3、4、5、6，并且要将查询线索、查询区域用“$”符号进行锁定；在向下填充时要对查询线索“半锁”（即锁列不锁行）。

综上所述，J2 单元格中的最终函数形式如图 2 – 40 所示，其中 K4 单元格内函数如图 2 – 41 所示。查询结果如图 2 – 42 所示。

图2-40　任务1函数参数修改

图2-41　K4单元格内函数

图2-42　任务1查询结果

任务2　循环查询

【任务分析】在项目1中，循环计算用到 IF 函数。一般来说，IF 函数对参数间的逻辑处理能力要求较高，稍有不慎就会出错。而 VLOOKUP 函数则会很好地解决这个问题，可以说其是对 IF 函数的完美替代。

【操作要点】基准表、模糊匹配。

【操作流程】

❶ 分析源数据。本任务源数据提供了成绩等级划分标准，现根据标准判定实际成绩对应的等级。

❷ 编写函数。在 F23 单元格内输入函数，如图2-43所示。需特别注意的是，因查询线索在区域内并非一一对应，所以应为模糊查询，即参数为1。完成后，双击 F23 单元格向下填充，如图2-44所示。

在本任务中，成绩划分基准表的设置很重要，区间划分对应等级直接关系到查询结果，务必准确。

图2-43　任务2函数参数

图2-44　任务2查询结果

任务3　数据有效性与 VLOOKUP 函数的搭配应用

【任务分析】在实际工作中，VLOOKUP 函数的查询线索往往与数据有效性搭配，从而形成一个简单的查询系统。本任务将研究两者的搭配问题。

【操作要点】数据有效性、循环查询。

【操作流程】

① 分析源数据。任务 3 与任务 2 类型基本相同。根据销售额查询并计算实际销售提成金额，如图 2-45 所示。

② 数据有效性。本任务"姓名"列用数据有效性生成。选中 E30:E40 单元格区域，然后利用【数据】菜单中的【数据验证】工具，打开"数据验证"对话框。在对话框中选择允许【序列】，来源选择姓名源数据区域 B2:B19，按【Enter】键完成设置，如图 2-46 所示。

图 2-45　任务 3 源数据

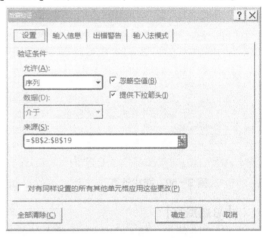

图 2-46　"数据验证"对话框

③ 查询销售额。数据有效性设置完成后，在 E30:E40 单元格区域通过下拉菜单选择要查询的职员姓名。之后，在 F30 单元格内编写函数查询职员对应的销售额，如图 2-47 所示。

将 F30 单元格向下填充完成对销售额的查询，结果如图 2-48 所示。

	E	F	G	H
28	员工销售提成金额			
29	姓名	销售额	提成率	提成
30	Kevin	6866		
31	王凯俊	7820		
32	Emma	8152		
33	高亮育	8982		
34	Mary	6866		
35	高琴小	8005		
36	鹿晗晗	7775		
37	孙城连	7889		
38	苏玉明	5620		
39	Tony	5269		
40	侯平亮	6582		

图 2-47　任务 3 函数参数

图 2-48　任务 3 销售额查询结果

④ 计算提成率。参照任务 2，基于查询线索（即销售额）应用 VLOOKUP 函数进行查询，G30 单元格内函数如图 2-49 所示。

⑤ 计算提成。提成 =销售额×提成率，基于此公式在 H30 单元格内编写公式，如图 2-50 所示。计算结果如图 2-51 所示。

在提成率计算时要将单元格格式设置为百分制，提成计算时将单元格格式设置为小数点后两位。

图 2-49 提成率计算

销售提成规则				员工销售提成金额		
等级	销售额	提成率		姓名	销售额	提成率	提成
0	0~1000	1.0%		Kevin	6866	2.1%	144.19
1000	1000~2000	1.2%		王凯俊	7820	2.3%	179.86
2000	2000~3000	1.3%		Emma	8152	2.5%	203.80
3000	3000~4000	1.4%		高亮膏	8982	2.5%	224.55
4000	4000~5000	1.5%		Mary	6866	2.1%	144.19
5000	5000~6000	2.0%		高琴小	8005	2.5%	200.13
6000	6000~7000	2.1%		鹿晗晗	7775	2.3%	178.83
7000	7000~8000	2.3%		孙城连	7889	2.3%	181.45
8000	8000~9000	2.5%		苏玉明	5620	2.0%	112.40
9000	9000~10000	2.8%		Tony	5269	2.0%	105.38
10000	10000以上	5.0%		侯平亮	6582	2.1%	138.22

员工销售提成金额			
姓名	销售额	提成率	提成
Kevin	6866	2%	=F30*G30

图 2-50 提成计算 　　　　**图 2-51 任务 3 计算结果**

【总结提高】

❶ 查询线索：VLOOKUP 函数中的查询线索必须是查询区域首列中的数据信息。

❷ 查询区域：VLOOKUP 函数中的查询区域一般要锁定，以便于拖动填充。

❸ VLOOKUP 函数一般与数据有效性搭配应用，即查询线索设计为下拉菜单项的形式。

❹ 一般来说，凡能用 IF 函数循环查询的工作，VLOOKUP 函数都可以完成，而且更高效。

❺ 在应用 VLOOKUP 函数进行循环查询时，要有基准表。当选中查询区域后按【F9】键时，可将查询区域（即基准表）转换为数组，这时基准表便可以删除，直接在函数参数中进行更改即可。也就是说，查询区域转数组的做法可以放弃对基准表的依赖。

❻ VLOOKUP 函数语法结构解析如图 2-52 所示。

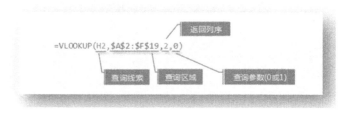

图 2-52 VLOOKUP 函数语法结构解析图示

项目 7 匹配定位查询 MATCH

【函数简介】MATCH 函数是 Excel 中最主要的查询函数之一，是数据匹配定位的核心函数，也是二维表查询必备函数之一。

【基本功能】MATCH 函数一般用来确定列表中某个值的位置，对某个输入值进行检验，确定这个值是否存在于某个列表中，判断某列表中是否存在重复数据，定位某一列表中最后一个非空单元格的位置等。在查找文本数据时，MATCH 函数不区分字母大小写。

【应用场景】二维表匹配与定位。

【语法结构】MATCH(查询线索,查询区域,查询参数(−1 或 0 或 1))

【源数据】工院 HS − Excel 2019 − Project7 − 匹配定位函数 MATCH

任务 1 常规二维查询

【任务分析】该任务源数据为产品的规格/型号二维数据表。现在要求根据所提供的产品规格或型号返回该规格或型号在源数据区的位置。MATCH 函数可以纵向查询，也可以横向查询。在本任务中，型号查询为纵向，规格查询为横向，均为精确匹配，即参数为 0。

【操作要点】语法结构、查询参数。

【操作流程】

① 分析源数据。该任务中型号、规格分别为纵向区域和横向区域，均可通过 MATCH 函数完成匹配查询，而且是精确定位，如图 2−53 所示。

② 编写函数。首先在 H3 单元格内应用数据有效性制作下拉式列表作为查询线索。在 I3 单元格中编写 MATCH 函数对 H3 单元格内的型号进行精确匹配和定位，查询参数为 0，如图 2−54 所示。同理，在 H6 单元格内制作下拉列表，在 I6 单元格内编写函数定位规格，如图 2−55 所示。

当查询线索不在查询区域中时，则返回错误代码 "#N/A"，即匹配失败，无法完成定位，如图 2−56 所示。

规格 型号	GB-2019	GB-2020	GB-2021	GB-2022	GB-2023
A0721	81	42	86	78	53
A0822	95	95	95	93	48
A0634	74	42	97	63	85
D0001	54	55	48	58	81
A1254	52	61	65	47	83
B2514	53	96	76	94	56
C3552	86	70	44	89	58
A2111	57	48	64	87	69
A3658	56	91	45	43	82

图 2−53 任务 1 源数据

图 2−54 任务 1 函数参数_型号

图 2−55 任务 1 函数参数_规格

图 2−56 任务 1 匹配失败

模糊匹配定位

【**任务分析**】本任务将进行查询线索与查询区域之间的模糊匹配，即查询线索与查询区域内的值非一一对应。此时，查询参数为1或-1。

● 查询参数为1时，将返回比线索值小且最接近线索值的值在查询区域内的排位，此时查询区域内的数据必须升序排列。

● 查询参数为-1时，将返回比线索值大且最接近线索值的值在查询区域内的排位，此时查询区域内的数据必须降序排列。

【**操作要点**】查询参数、模糊匹配。

【**操作流程**】

❶ 分析源数据。源数据区分为3种情况：未排序、升序、降序。对应的查询参数分别是0、1、-1，如图2-57所示。

序号	未排序	升序	降序
1	2812	2181	4689
2	3781	2812	4668
3	4027	2936	4323
4	4323	3023	4027
5	3916	3781	3916
6	4689	3916	3781
7	2936	4027	3023
8	3023	4323	2936
9	2181	4668	2812
10	4668	4689	2181

员工工资列表 / 工资在列表中的排位

工资	排位	查询参数	数据
3500		0	未排序
3500		1	升序
3500		-1	降序

图2-57　任务2源数据

❷ 编写函数。3500在工资列表中不存在，所以应该采用模糊匹配。如图2-58所示，如果要做精确匹配，则会返回错误。对源数据区升序和降序排列后进行模糊匹配，函数参数分别如图2-59和图2-60所示。

工资在列表中的排位

工资	排位	查询参数	数据
3500	=MATCH(F14,B14:B23,0)	0	未排序

图2-58　任务2匹配失败

工资在列表中的排位

工资	排位	查询参数	数据
3500	#N/A	0	未排序
3500	=MATCH(F15,C14:C23,1)	1	升序

图2-59　任务2模糊匹配(参数为1)

工资在列表中的排位

工资	排位	查询参数	数据
3500	#N/A	0	未排序
3500	4	1	升序
3500	=MATCH(F16,D14:D23,-1)	-1	降序

图2-60　任务2模糊匹配(参数为-1)

【总结提高】

❶ MATCH 函数一般不单独使用，通常与 VLOOKUP、INDEX 等函数搭配。

❷ MATCH 函数模糊匹配常用来返回查询线索"夹"在查询区域的具体位置。

❸ MATCH 函数语法结构解析如图 2-61 所示。

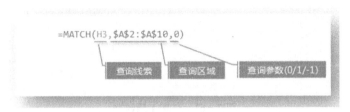

图 2-61   MATCH 函数语法结构解析图示

项目 8   位置索引函数 INDEX

【函数简介】 INDEX 函数是 Excel 中主要的查询函数之一，主要用于数据索引，是二维表查询必备函数之一。

【基本功能】 INDEX 函数一般用来查询列表区域中某个确定位置值，或返回对值的引用。其函数表达式有两种形式：数组形式和引用形式。数组形式通常返回数值或数值数组，引用形式通常返回引用。

【应用场景】 二维表位置索引。

【语法结构】 INDEX(查询区域,查询列序,查询行序)

【源数据】 工院 HS-Excel 2019-Project8-位置索引函数 INDEX

任务 1   常规二维表索引

【任务分析】 项目 8 源数据与项目 7 相同。本任务是要查询指定型号和规格的产品的价格，这是典型的二维表查询。根据 INDEX 函数的语法结构要求直接编写函数即可。需特别注意的是，二维查询的顺序为先纵向后横向，即函数表达式中行序号在前，列序号在后。

【操作要点】 INDEX 函数语法结构、参数顺序。

【操作流程】

❶ 分析源数据。产品型号、规格分别按纵向、横向排列，完全符合二维查询的表式要求，先纵向查型号，再横向查规格，两者坐标交叉处即为查询（索引）结果，如图 2-62 所示。

❷ 数据准备。首先在 I3、I4 单元格内应用数据验证工具制作下拉式列表作为查询线索，如图 2-63 所示。

在 J3、J4 单元格中利用 MATCH 函数返回指定型号与规格在型号列区域及规格行区域中的位置，为价格查询提供基础参数，如图 2-64 所示。

图 2-62　任务 1 源数据

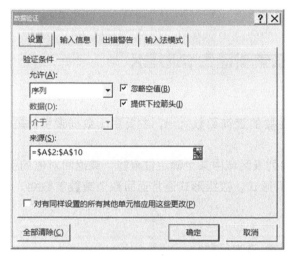

图 2-63　型号下拉列表的制作

图 2-64　型号位置查询

❸ 价格查询。按照 INDEX 函数的语法结构要求在 I5 单元格内编写函数，用以查询当前型号及规格对应的产品价格，如图 2-65 所示。

查询结果所在位置是查询区域中指定型号、规格对应行、列的交叉处，即 D7 单元格，如图 2-66 所示。

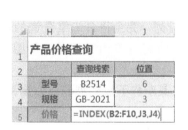

图 2-65　价格索引函数

	规格	GB-2019	GB-2020	GB-2021	GB-2022	GB-2023
1	型号					
2	A0721	81	42	86	78	53
3	A0822	95	95	95	93	48
4	A0634	74	42	97	63	85
5	D0001	54	55	48	58	81
6	A1254	52	61	65	47	83
7	**B2514**	53	96	**76**	94	56
8	C3552	86	70	44	89	58
9	A2111	57	48	64	87	69
10	A3658	56	91	45	43	82

图 2-66　任务 1 查询结果

差旅费报销查询

【任务分析】公务差旅费报销是一项日常财务统计工作。本任务根据出差区域、报销项目标准，设计一个简单的差旅费报销额度查询系统。

【操作要点】语法结构、参数顺序。

【操作流程】

❶ 分析源数据。报销项目、出差区域分别按纵向、横向排列，完全符合二维查询的表式要求，如图 2 – 67 所示。

❷ 数据准备。首先将 F14 和 G14 单元格制作成下拉列表，以便于选择出差区域和报销项目，为索引提供基础数据，如图 2 – 68 所示。

❸ 额度查询。在 H14 单元格中编写 INDEX 函数，查询出差区域及出差项目所对应的报销额度，本任务为 INDEX 函数与 MATCH 函数的搭配使用，如图 2 – 69 所示。查询结果如图 2 – 70 所示。

图 2 – 67　任务 2 源数据　　　　　　图 2 – 68　出差区域下拉列表

图 2 – 69　任务 2 报销额度查询函数

图 2 – 70　任务 2 查询结果

【总结提高】

❶ INDEX 函数一般不单独使用，通常与 VLOOKUP、MATCH 等函数搭配使用。

❷ 二维查询时，先纵向查询，后横向查询。如果以坐标系来分析的话，先在查询区域中确定纵坐标，再确定横坐标，从而确定唯一的索引值。

❸ INDEX 函数语法结构解析如图 2 – 71 所示。

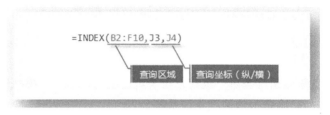

图 2-71 INDEX 函数语法结构解析图示

项目9 跨表引用函数 INDIRECT

【函数简介】INDIRECT 函数是 Excel 中一种跨表引用函数。当需要更改公式中单元格的引用，而不更改公式本身时，INDIRECT 为首选函数。通俗地讲，INDIRECT 函数是一种间接引用，用以实现数据跳转，常与数据验证（早期版本称"数据有效性"）搭配使用。

【基本功能】INDIRECT 函数对数据的引用有两种形式：一种加引号，一种不加引号。例如：

" =INDIRECT(" A1 ")" 表示文本引用，即直接获取 A1 单元格中的文本，返回 B2。

" =INDIRECT(A1)" 表示地址引用，即获取 A1 单元格中的地址即 B2 所指向的内容，因 B2 单元格值为 22，所以返回 22。

▲	A	B	C
1	B2	11	33
2	E2	22	44

两种引用形式如图 2-72 所示。

图 2-72 INDIRECT 函数的两种引用形式

【应用场景】动态数据跳转。

【语法结构】INDIRECT(引用区域)

【源数据】工院 HS - Excel 2019 - Project9 - 跨表引用函数 INDIRECT

任务 1 多表批量汇总

【任务分析】多表批量汇总是 INDIRECT 函数经典应用案例之一。例如对多个结构完全相同的数据表进行求和，常见的有月份系列表、季度系列表、分公司系列表、分销商系列表等，这类统计属于跨表批量汇总，其难点是对 INDIRECT 函数中引用区域写法的准确表达。

【操作要点】语法结构、表式结构、跨表引用语法格式。

【操作流程】

❶ 分析源数据。源数据表包含 1~6 月份各销售区域的收入数据，一月一表，且表的结构完全相同。现要求在"汇总"工作表里对上半年的销售数据进行汇总（求和），如图 2-73所示。

一般来说，会先对样表 1~6 月的每个工作表单独汇总，再在"汇总"工作表中手动求和。而本任务将应用 INDIRECT 函数进行批量自动汇总，这也是跨表批量汇总的经典方案。

❷ 编写函数。在【汇总】工作表的 F3 单元格内编写函数，对月份表中"产品收入"进

行"收集"并求和。产品收入、服务收入、总收入分别如图 2-74～图 2-76 所示。汇总结果如图 2-77 所示。

需特别注意的是，F3 单元格内的函数表达式写法为"INDIRECT（$E3&"!"&"B2:B8"）"。

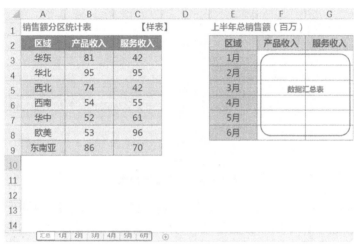

图 2-73　任务 1 工作表系列

图 2-74　产品收入函数参数

图 2-75　服务收入函数参数

图 2-76　总收入函数参数

图 2-77　汇总结果

任务 2　多级下拉列表

【任务分析】多级下拉列表是 INDIRECT 函数的另一重要应用场景，如产品分级、省市县镇分级列表等。这些案例最显著的特点就是层次之间的依次包含关系，如一个省包含多个市，一个市包含多个县，一个县包含多个镇。这种包含关系在数据统计中十分常见，在 Excel 中，通常要用数据验证搭配 INDIRECT 函数制作下拉列表，以提高数据查询的便捷性和准确性。

【操作要点】定义名称、数据验证、INDIRECT 函数的引用。

【操作流程】

❶ 分析源数据。本任务以甘肃、陕西、江苏这 3 省为例，提供了省市两级数据，如图 2-78 所示。

图 2-78　任务 2 源数据

制作下拉列表的顺序一般是：【定义名称】→【数据验证】，来源用 INDIRECT 函数完成。

❷ 定义名称。选中 A13:C21 数据区域；利用【公式】→【定义的名称】功能组→【根据所选内容创建】工具（如图 2-79 所示），打开【根据所选内容创建名称】对话框；在该对话框中选中【首行】作为名称，如图 2-80 所示。本任务的目的是将各市"打包"定义为省名，这样当 INDIRECT 函数在引用 A13 单元格（即甘肃）时，将间接地指向各市。

❸ 数据验证。选中 E13 单元格，然后利用【数据】→【数据验证】工具进行设置，相关设置如图 2-81 所示。再选中 F13 单元格，然后利用【数据】→【数据验证】工具进行设置（注意：市级数据来源于省份名称所在单元格，如甘肃省各市应引用"甘肃"所在单元格，即 E13），相关设置如图 2-82 所示。

图 2-79　定义名称　　　　　　　　图 2-80　名称来源

图 2-81　数据验证_省　　　　　　　图 2-82　数据验证_市

④ 完成效果如图 2–83 和图 2–84 所示。

	A	B	C	D	E	F
11	省市名单				省市查询	
12	甘肃	陕西	江苏		省份	城市
13	兰州	西安	南京		陕西	
14	天水	宝鸡	无锡		甘肃	
15	白银	渭南	徐州		陕西	
16	武威	安康	常州		江苏	
17	陇南	延安	苏州			
18	酒泉	汉中	南通			
19	定西	铜川	扬州			
20	庆阳	榆林	泰州			
21	甘南		淮安			

图 2–83　任务 2 完成效果_省

	A	B	C	D	E	F
11	省市名单				省市查询	
12	甘肃	陕西	江苏		省份	城市
13	兰州	西安	南京		陕西	
14	天水	宝鸡	无锡			西安
15	白银	渭南	徐州			宝鸡
16	武威	安康	常州			渭南
17	陇南	延安	苏州			安康
18	酒泉	汉中	南通			延安
19	定西	铜川	扬州			汉中
20	庆阳	榆林	泰州			铜川
21	甘南		淮安			榆林

图 2–84　任务 2 完成效果_市

【总结提高】

① INDIRECT 函数的本质是"间接引用"。最常用的是多表汇总、多级下拉菜单。

② 在跨表引用时，要特别注意引用区域的书写格式，否则很容易出错。如""1 月"&"!""其结果为"1 月!"，意为"名称为'1 月'的工作表的…"，其中符号"!"可理解为中文"的"。

③ INDIRECT 函数一般与数据验证搭配使用，辅以定义名称对所有数据进行分级管理。

④ INDIRECT 函数语法结构解析如图 2–85 所示。

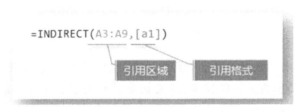

图 2–85　INDIRECT 函数语法结构解析图示

项目 10　偏移引用函数 OFFSET

【函数简介】OFFSET 函数主要用来对动态数据的动态范围进行间接地查询或引用，常与 MATCH、INDEX 等函数搭配使用，以解决许多匹配查询问题。通过 OFFSET 函数，可以生成数据区域的动态引用，这个引用作为"半成品"，通过后续的处理加工，就可以为图表和透视表提供动态的数据源，为其他函数生成特定的引用。

【基本功能】OFFSET 函数以指定的单元格（或区域）为基准，通过给定偏移量得到新的单元格（或区域）。在偏移引用的过程中，函数参数用以控制偏移的行数或列数。偏移一般有 2 次：第 1 次得到新基准点，第 2 次得到新区域（如只想返回新单元格第 2 次偏移可省略）。

【应用场景】单元格（区域）引用。

【语法结构】OFFSET(基准点,向下偏移行数,向右偏移列数,向下拓展高度,向右拓展宽度)

如"=OFFSET(A1,3,2,3,4)"表示以A1单元格为基准点，向下偏移3行（不含基准点行），再向右偏移2列（不含基准点列）至C4单元格；再向下（含新基准点行）拓展3行，再向右（含新基准点列）拓展4列，最终返回区域C4:F6。偏移过程如图2-86所示。

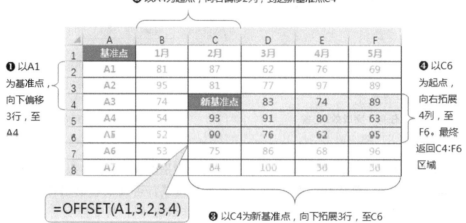

图2-86　OFFSET函数偏移过程图示

【源数据】工院HS-Excel 2019-Project10-偏移引用函数OFFSET

任务1　返回指定时段的统计量

【任务分析】本任务源数据提供了4月份的部分销售数据，现要求返回最近5天的最高销量（或最近5天的平均销量、总销量等）。最近5天在列表中显示为自下而上的5天，因为日期数据在不断增加或更改中，所以"最近"总是动态变化的。最高销量只需要确定最近5天的数据区域，然后通过MAX函数计算即可得到。

【操作要点】OFFSET函数语法结构、COUNTA函数、MAX函数、偏移量。

【操作流程】

❶ 分析源数据。要求最近5天，先求当前时间列表内共有几天，本任务用COUNTA函数返回非空单元格数量，再减5便得到以I1单元格（即"时间"）为基准点的向下偏移量，然后向右偏移1列至J17单元格，最后向下拓展5行、向右1列得到最近5天的销量数据区域。用MAX函数求此区域最大值即完成任务，如图2-87所示。

❷ 编写函数。在L2、L5、L8单元格中分别编写函数，如图2-88~图2-90所示。

❸ 计算结果如图2-91所示。

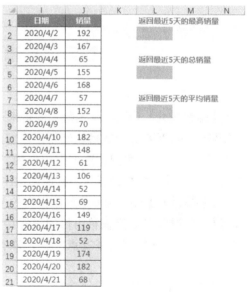

图2-87　任务1源数据

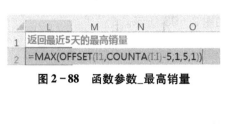

图 2-88　函数参数_最高销量

图 2-89　函数参数_总销量

图 2-90　函数参数_平均销量

图 2-91　任务 1 计算结果

任务2　返回指定字段指定记录的值

【任务分析】本任务源数据提供了公司职员收入明细表，现要求返回指定人员（数据库中称为"记录"）、指定项目（数据库中称为"字段"）的金额。要完成此任务，可以通过 OFFSET+MATCH 函数组合或者 VLOOKUP 函数实现。本任务为查询【鹿晗晗的应缴税额】，用 OFFSET+MATCH 函数组合的方式完成。

【操作要点】MATCH 函数、数据验证、偏移量。

【操作流程】

❶ 分析源数据。在利用 OFFSET 函数查询时，通常选用左上角单元格，即 A17 作为基准点，通过 MATCH 函数分别定位【鹿晗晗】的纵向排位以及【缴税】的横向排位，即 OFFSET 函数参数中的首次向下、向右偏移量。

第 2 次偏移时，拓展参数均为 1，即只返回交叉点数值，不拓展为区域，如图 2-92 所示。

	姓名	工资	津贴	五险一金	公积金	缴税	实发
17	姓名	工资	津贴	五险一金	公积金	缴税	实发
18	苏玉明	5620	2810	562	674	450	6744
19	苏哲明	5269	2600	527	632	422	6288
20	侯平亮	6582	3291	658	790	527	7898
21	沙金瑞	9293	4520	929	1115	743	11025
22	高凤小	5875	2987	588	705	470	7100
23	祁伟同	7990	3995	799	959	639	9588
24	高亮育	8982	4491	898	1078	719	10778
25	高琴小	8005	4215	801	961	640	9819
26	王凯俊	7820	3910	782	938	626	9384
27	鹿晗晗	7775	3987	778	933	622	9430
28	靳东东	6866	3433	687	824	549	8239
29	孙城连	7889	3921	789	947	631	9443
30	赵颖丽	5998	2999	600	720	480	7198
31	苏 大	6866	3433	687	824	549	8239
32	李康达	8080	4040	808	970	646	9696
33							
34	返回鹿晗晗的应缴税额（或任意职员任意项目的金额）						
35		缴税					
36	鹿晗晗						

图 2-92　任务 2 源数据

❷ 编写函数。在 B36 单元格内编写函数，如图 2-93 所示。

图 2-93　任务 2 函数参数

【总结提高】

❶ OFFSET 函数中偏移参数为负值时，表示向上、向左偏移，即反向偏移，较少用到。

❷ 第 1 次偏移（位置偏移）不含基准点，第 2 次偏移（区域拓展）含新基准点。

❸ OFFSET 函数语法结构解析如图 2-94 所示。

图 2-94　OFFSET 函数语法结构解析图示

基于函数的数据统计综合实战

函数是 Excel 数据统计处理强有力的工具，我们除了要充分理解每个函数自身的语法结构和意义之外，更重要的是能够灵活地将其应用于实际工作中，这其中包括函数与函数之间的搭配、函数与工具的配合、函数与图表的混合使用以及数据可视化（Power BI）等。本章将重点讲解在日常数据统计与整理工作中遇到的常见案例，并提出相对可靠、高效的解决方案。

本章所有案例均有源数据供下载练习，读者可以通过下载学习通 APP 或登录学银在线（https://www.xueyinonline.com/）进行在线学习或下载课程有关数据素材。

项目1　日期差问题（DATEDIF +TODAY 函数组合）

【项目概述】计算两个日期之间相隔的年数、月数、天数是人事档案管理工作中较为常见的一种应用，如计算员工年龄、入职月数/天数等。本项目将用 DATEDIF 与 TODAY 函数组合的方式解决上述问题。

【基本功能】计算两个日期间相隔年数、月数、天数。

【应用场景】人事档案管理、日期数据处理。

【语法结构】DATEDIF(起始日期,结束日期,差值参数)

TODAY("留空")

例如，计算 A、B 两列日期相隔年份（即年龄），如图 3-1 和图 3-2 所示。

	A	B	C	D
1	出生日期	今天	年龄	
2	1988/9/20	2019/5/13	=DATEDIF(A2,B2,"Y")	

图 3-1　DATEDIF 函数表达式

	A	B	C
1	出生日期	今天	年龄
2	1988/9/20	2019/5/13	30

图 3-2　DATEDIF 函数计算结果

【源数据】工院 HSZHSZ –Excel 2019 –Project1 –日期差问题

任务1　精确计算日期差

【任务分析】根据源数据计算两个日期间相差年、月、天数。

【操作要点】基本语法。

【操作流程】

❶ 分析源数据。本任务源数据为常规日期数据，可根据函数语法要求直接计算，如图3-3所示。

图3-3　任务1源数据

❷ 编写函数。根据 DATEDIF 函数语法要求，在 C5、D5、E5 单元格内分别编写函数，同时要锁定开始日期和结束日期，即 A5:B5 单元格区域，如图3-4~图3-6所示。计算结果如图3-7所示。

	A	B	C
4	开始日期	结束日期	差几年
5	2015/3/22	2021/5/26	=DATEDIF($A$5,$B$5,"Y")

图3-4　DATEDIF 函数相隔年数

	A	B	D
4	开始日期	结束日期	差几月
5	2015/3/22	2021/5/26	=DATEDIF($A$5,$B$5,"M")

图3-5　DATEDIF 函数相隔月数

	A	B	C
4	开始日期	结束日期	差几天
5	2015/3/22	2021/5/26	=DATEDIF($A$5,$B$5,"D")

图3-6　DATEDIF 函数相隔天数

	A	B	C	D	E
4	开始日期	结束日期	差几年	差几月	差几天
5	2015/3/22	2021/5/26	6	74	2257

图3-7　任务1计算结果

任务2　模糊计算日期差

【任务分析】在忽略年或月或日的情况下，计算两个日期间相差月数、天数。

【操作要点】差值参数。

【操作流程】

❶ 分析源数据。本任务为非常规日期间隔统计，重点考察差值参数的运用，要准确书写所要忽略的日期参数写法，如图3-8所示。

	A	B	F	G	H
4	开始日期	结束日期	差几天（忽略年月）	差几天（忽略年）	差几月（忽略年日）
5	2015/3/22	2021/5/26			

图3-8　任务2源数据

❷ 编写函数。根据 DATEDIF 函数忽略日期参数情况下的语法要求进行编写，如图3-9~图3-11所示。计算结果如图3-12所示。

	A	B	F
4	开始日期	结束日期	差几天（忽略年月）
5	2015/3/22	2021/5/26	=DATEDIF($A$5,$B$5,"MD")

图3-9　相差天数（忽略年月）

	A	B	G
4	开始日期	结束日期	差几天（忽略年）
5	2015/3/22	2021/5/26	=DATEDIF($A$5,$B$5,"YD")

图3-10　相差天数（忽略年）

	A	B	H
4	开始日期	结束日期	差几月（忽略年日）
5	2015/3/22	2021/5/26	=DATEDIF($A$5,$B$5,"YM")

图3-11　相差月数（忽略年日）

	A	B	F	G	H
4	开始日期	结束日期	差几天（忽略年月）	差几天（忽略年）	差几月（忽略年日）
5	2015/3/22	2021/5/26	4	65	2

图3-12　任务2计算结果

任务3　计算职员年龄

【任务分析】本任务基于职员出生日期，计算截至当前日期的年龄，将通过 DATEDIF 与

TODAY 函数相结合的方式完成。

【操作要点】 TODAY 函数、差值参数。

【操作流程】

❶ 分析源数据。本任务源数据为常见的职员信息表，如图 3 - 13 所示。统计员工年龄是一项经常性工作，由于"当前日期"是动态的，因此引入 TODAY 函数返回最新日期。

❷ 编写函数。在 D8 单元格内编写函数，如图 3 - 14 所示。然后双击填充完成对所有职员年龄的计算。

	A	B	C	D
7	职员编号	姓名	出生日期	年龄
8	A0721	苏玉明	1990/4/13	29
9	A0822	Tony	1988/5/30	30
10	A0634	侯平亮	1992/8/22	26
11	D0001	沙金瑞	1970/7/13	48
12	A1254	Robert	1987/1/11	32
13	B2514	祁伟同	1983/8/7	35
14	C3552	高亮青	1980/9/27	38
15	A2111	高琴小	1995/6/17	23
16	A3658	王凯俊	1990/11/29	28
17	A8701	鹿晗晗	1988/2/21	31
18	A6001	Kevin	1989/3/30	30
19	B3232	孙城连	1985/5/2	34
20	A4124	赵颖丽	1986/1/21	33
21	A6871	Mary	1993/11/8	25
22	C3339	田福国	1964/1/28	55
23	B8129	李康达	1979/12/17	39
24	A0007	赵来东	1981/5/16	37
25	B0118	Emma	1989/1/27	30

图 3 - 13　任务 3 源数据

	C	D	E
7	出生日期	年龄	
8	1990/4/13	=DATEDIF(C8,TODAY(),"Y")	

图 3 - 14　年龄计算

【总结提高】

❶ 任务 2 中通过 DATEDIF 函数所得的为"年龄"而非"周岁"，务必加以区分。

❷ DATEDIF 函数语法结构解析如图 3 - 15 所示。

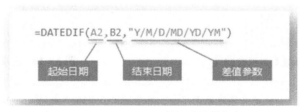

图 3 - 15　DATEDIF 函数语法结构解析图示

项目 2　条件统计问题（IF + MAX 函数组合）

【项目概述】 IF 函数在日常统计工作中十分常见，当 IF 函数与其他函数进行搭配时，可以完成许多看似繁复的统计业务。本项目以财务统计为例，引入"数组"的概念，通过

“IF＋常规统计函数”，将统计效率提升到一个新的高度。

【基本功能】根据条件快速输出常见统计量。

【应用场景】财务数据统计。

【语法结构】{＝MAX(IF(条件,为真时输出值,为假时输出值))}

【源数据】工院HSZHSZ－Excel 2019－Project2－条件统计问题

任务1 基于数组的快速统计

【任务分析】根据产品销售数据快速计算总销售额。这类总量输出工作极为常见，方法也比较多，本任务借助“数组”来完成，是此类业务所有汇总方式中最快的一种。

【操作要点】数组。

【操作流程】

❶ 分析源数据。本任务源数据如图3－16所示。本任务的常规做法是先在D3单元格计算“鼠标”的销售额，再双击填充，最后计算总销售额。本任务将在D9单元格内用数组函数直接完成。

	A	B	C	D
1	产品销售统计表			
2	产品	单价（元）	销量	销售额
3	鼠标	88	131	——
4	键盘	121	150	——
5	显示器	1520	81	——
6	主板	2360	78	——
7	显卡	1020	101	——
8	CPU	1398	156	——
9	合计	——	——	

图3－16 任务1源数据

❷ 编写函数。在D9单元格内编写SUM函数，求和区域为“单价列区域与销量列区域乘积”，如图3－17所示。输入完成后按【Ctrl＋Shift＋Enter】组合键完成输出。

❸ 输出结果如图3－18所示。

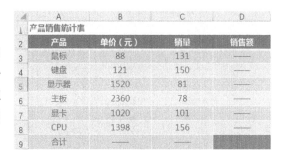

	A	D	E	F
1	产品销售统计表			
2	产品	销售额		
9	合计	=SUM($B$3:$B$8*$C$3:$C$8)		

图3－17 任务1函数参数

	A	B	C	D
1	产品销售统计表			
2	产品	单价（元）	销量	销售额
3	鼠标	88	131	——
4	键盘	121	150	——
5	显示器	1520	81	——
6	主板	2360	78	——
7	显卡	1020	101	——
8	CPU	1398	156	——
9	合计	——	——	¥ 657,986

图3－18 任务1输出结果

> **说明：**所谓数组，就是有序的元素序列。对于Excel中的“数组”，可以理解为有着行、列标识并有着尺寸特征的集合。数组用“{}”来表示，数组中相邻元素用“,”间隔，而“;”则表示换行。数组类似于矩阵，可以进行四则运算以及其他计算。

任务2 基于数组的款项结算日期统计

【任务分析】财务管理中涉及借款业务，一般会整理清算日期。同一款项编号（本任务指同一月份发生的借款），借款日期不同，现要求将同一款项不同借款日期中的“最新日期”

作为最终清算日期。

在 Excel 中，"日期"事实上是另一种数据的表现形式，与其他常规数据一样可以进行求和、比较大小等，如图 3 - 19 所示。

【操作要点】数组快捷键、MAX 函数、IF 函数。

【操作流程】

❶ 分析源数据。任务要求同一款项，在清算日期不同的情况下，获取最新日期作为最终清算日，如图 3 - 20 所示。

日期（常用格式）	日期（数值格式）
2019/01/03	43468
2019/03/15	43539
2020/07/28	44040
2022/12/12	44907

图 3 - 19　日期的不同格式

	A	B	C	D
12	借款清算日期统计			
13	款项编号	借款日期	清算日期	最终清算日期
14	BX2019-01	2019/01/03	2019/01/13	
15	BX2019-01	2019/01/15	2019/01/18	
16	BX2019-01	2019/01/13	2019/01/15	
17	BX2019-02	2019/02/12	2019/02/16	
18	BX2019-02	2019/02/24	2019/02/26	
19	BX2019-03	2019/03/17	2019/03/18	
20	BX2019-03	2019/03/03	2019/03/05	
21	BX2019-04	2019/04/17	2019/04/19	
22	BX2019-04	2019/04/18	2019/04/30	
23	BX2021-05	2021/05/01	2021/05/05	
24	BX2021-05	2021/05/25	2021/05/29	
25	BX2021-05	2021/05/12	2021/05/16	
26	BX2021-05	2021/05/20	2021/05/31	

图 3 - 20　任务 2 源数据

❷ 编写函数。在 D14 单元格内输入数组函数，如图 3 - 21 所示。按【Ctrl + Shift + Enter】组合键，然后双击向下填充。

❸ 输出结果如图 3 - 22 所示。

	D	E	F	G
13	最终清算日期			
14	=MAX(IF($A$14:$A$26=A14,$C$14:$C$26,0))			

图 3 - 21　任务 2 函数参数

	A	B	C	D
12	借款清算日期统计			
13	单据编号	借款日期	清算日期	最终清算日期
14	BX2019-01	2019/01/03	2019/01/13	2019/01/18
15	BX2019-01	2019/01/15	2019/01/18	2019/01/18
16	BX2019-01	2019/01/13	2019/01/15	2019/01/18
17	BX2019-02	2019/02/12	2019/02/16	2019/02/26
18	BX2019-02	2019/02/24	2019/02/26	2019/02/26
19	BX2019-03	2019/03/17	2019/03/18	2019/03/18
20	BX2019-03	2019/03/03	2019/03/05	2019/03/18
21	BX2019-04	2019/04/17	2019/04/19	2019/04/30
22	BX2019-04	2019/04/18	2019/04/30	2019/04/30
23	BX2021-05	2021/05/01	2021/05/05	2021/05/31
24	BX2021-05	2021/05/25	2021/05/29	2021/05/31
25	BX2021-05	2021/05/12	2021/05/16	2021/05/31
26	BX2021-05	2021/05/20	2021/05/31	2021/05/31

图 3 - 22　任务 2 输出结果

【总结提高】

❶ 本项目的重点是"数组"。数组中的"{ }"是通过按【Ctrl + Shift + Enter】组合键后系统自动生成的，不可以手工输入，否则报错。

❷ "数组"是一个整体存在的。要编辑数组公式，可以先选中数组公式所在单元格，然后按【F2】键或单击鼠标左键，此时"{ }"会自动消失，再重新进行编辑，完成后再次按【Ctrl + Shift + Enter】组合键后生成结果。删除数组公式时，要将数组公式所在单元格或单元格区域全部选中后按【Delete】键才可以删除。

❸ 数组公式大多数基于逻辑判断进行运算，如图3 - 23 ~ 图3 - 26 所示。

	A	B	C	D	E
29	产品销售信息				
30	产品编号	产品编号	成本	利润	销量
31	华东	A-001	131	28	252
32	华南	A-002	108	40	287
33	西北	A-003	145	45	268
34	西北	A-004	118	43	252
35	东北	A-005	125	42	245
36	西南	A-006	141	42	288
37	华东	A-007	114	25	206
38	华南	A-008	107	29	284
39	华东	A-009	147	26	272
40	西北	A-010	108	42	254
41	东北	A-011	129	45	236
42	华南	A-012	116	43	230
43	华南	A-013	129	36	279

图3 - 23　数组范例源数据

图3 - 24　数组公式A

图3 - 25　数组公式B

图3 - 26　计算结果

在数组公式A中，"D31:D43 >=30"是逻辑判断，若D31:D43 单元格区域中有符合">= 30"条件的数据时返回逻辑值"TURE"，值为1；否则返回"FALSE"，值为0。判断"E31:E43 >=220"时完全相同。这样就会形成1 ×0、0 ×0、0 ×1、1 ×1 的结果。最后，通过SUM 函数完成对乘积的求和，即得到两个条件同时满足时的个数，即产品数量。

项目3　非重复数据筛查问题（COUNT + FIND 函数组合）

【项目概述】在日常统计工作中，对单元格内数值的唯一性（或非重复值）的筛查较为常见。本项目以产品序列号为例，查询序列中不重复的数字个数，将引入计数函数COUNT、字符定位函数FIND、行函数ROW，三者搭配使用，重点是FIND 函数的应用。

【基本功能】单元格内字符位置匹配与定位。

【应用场景】单元格内不重复数据的个数统计。

【语法结构】{ =COUNT(FIND(ROW( ))) }

【源数据】工院HSZHSZ - Excel 2019 - Project3 - 单元格内数据查重问题

任务1　查询序列号中不重复数字的个数

【任务分析】产品序列号中数字重复现象很普遍，但一般会有编写规律。在编写序列号

（或其他编码）时，往往要考虑数字重复问题，以保证序列号内编码的相对唯一性。本任务将用到计数函数 COUNT、字符定位函数 FIND 以及行函数 ROW。其中 ROW 函数非必需，可以由具体数字组成的数组替代。

【操作要点】 FIND 函数、ROW 函数。

【操作流程】

❶ 分析源数据。源数据为纯数字构成的不规则序列号（如图 3－27 所示），可直接用 0~9 逐一寻址匹配，所以重点是 FIND 函数的应用。

❷ 编写函数。在 B3 单元格内编写函数，如图 3－28 所示。

❸ 统计结果如图 3－29 所示。

图 3－27 任务 1 源数据

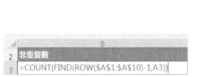

图 3－28 任务 1 函数参数

图 3－29 任务 1 统计结果

> **说明：** 关于函数嵌套问题，本任务的目标是统计个数，所以最外层是 COUNT 函数；因为是不重复数字的定位，所以用 FIND 函数；在匹配定位时要用 0~9 与序列号进行逐一匹配，所以在 FIND 函数内部嵌套 ROW 函数以生成 0~9。
>
> 由于 0~9 与序列号内的每个数字"逐一匹配"是数据处理中常见的"遍历"行为，所以可用"数组"完成内部批处理。

任务 2　生源地信息提取

【任务分析】 地址管理在计算机信息管理工作中十分常见。本任务以学生生源地信息的分级提取为例，了解字符串函数 LEFT、MID、RIGHT、LEN（或 LENB）以及字符定位函数 FIND。这一类问题的解决方案较多，但大致的思路是相同的。

【操作要点】 LEFT、MID、RIGHT、LEN、FIND 等函数。

【操作流程】

❶ 分析源数据。源数据提供了基本的地址信息，但也包括特殊地址如直辖市等，如图 3－30 所示。本任务采用多函数搭配（特殊情况特殊处理）的基本思路。

❷ 编写函数。在 B13、C13、D13 单元格内分别编写函数，如图 3－31~图 3－33 所示。

❸ 统计结果如图 3－34 所示。

图 3－30 任务 2 源数据

=IFERROR(LEFT($A13,FIND($B$12,$A13)),"")

图3-31　任务2函数参数_省

=IFERROR(MID($A13,FIND($B$12,$A13)+1,(FIND($C$12,$A13)-FIND($B$12,$A13))),"")

图3-32　任务2函数参数_市

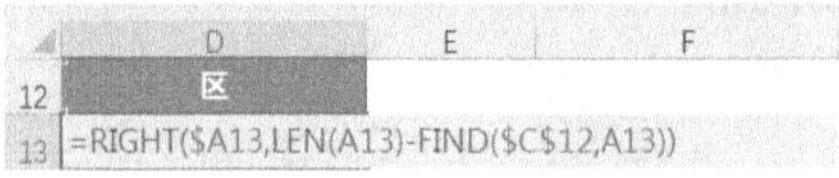

	A	B	C	D
12	生源地	省	市	区
13	甘肃省天水市麦积区	甘肃省	天水市	麦积区
14	陕西省西安市碑林区	陕西省	西安市	碑林区
15	上海市崇文区			崇文区
16	江苏省南京市雨花区	江苏省	南京市	雨花区
17	广东省广州市天河区	广东省	广州市	天河区
18	四川省攀枝花市新义安区	四川省	攀枝花市	新义安区
19	甘肃省酒泉市嘉峪关市城关区	甘肃省	酒泉市	嘉峪关市城关区

=RIGHT($A13,LEN(A13)-FIND($C$12,A13))

图3-33　任务2函数参数_区

图3-34　任务2统计结果

> **注意：** 省、市、区提取重点在于对"省、市、区"3个字符的提取，也直接决定了这类问题的基本解决方向。

需特别指出的是，Excel 2016版中的【快速填充】功能也能解决本问题。

【总结提高】

❶ FIND函数一般很少单独使用。它可以与众多的统计函数搭配，远不止字符串的提取和信息筛查与判断功能。

❷ 本任务用到了字符串提取函数，如LEFT、MID、RIGHT。在Excel 2016版中，提供了右键【快速填充】功能，智能程度非常高，可以解决绝大多数有一定规律的单元格内字符分段提取或多单元格字符合并任务，其实用性甚至超过了许多函数。

❸ 数组公式解析如图3-35所示。

图3-35　数组公式解析图示

项目4　重复数据匹配问题（VLOOKUP + COUNTIF 函数组合）

【项目概述】 在日常统计工作中，重复数据处理效率直接影响着数据统计工作的进度，甚至决定了数据最终的可靠性。本项目将以产品销售数据为源数据，统计同一种产品在不同区间（一般是不同时段）的销量。解决数据重复问题的方案较多，本项目是比较经典的一种做法。

【基本功能】 在列区域中出现多个重复数据时，用VLOOKUP函数搭配COUNTIF函数的方法统计指定重复值（如第3个重复值）对应的其他数据。

【应用场景】 解决非第1位数据的列表匹配问题。

【语法结构】　=VLOOKUP（匹配目标,匹配区域,返回列序,匹配参数）

　　　　　　　=COUNTIF（查询区域,查询条件）

【源数据】　工院 HSZHSZ－Excel 2019－Project4－重复数据匹配问题

任务　查询序列号中不重复数字的个数

【任务分析】本任务主要解决的是重复数据对应的其他信息查询问题。由于重复次数、重复位置均是不确定的,而用 VLOOKUP 函数查询时,目标数据（即每一个重复值）只会匹配查询区域内的第一个值。结合重复值和重复次数,本任务需要添加两个辅助列：重复次数列和带重复次数的产品名称列。最终将重复数据转化为唯一数据,再通过 VLOOKUP 函数进行查询即可得到每个重复值对应的销量。在辅助列中,重复次数的生成用 COUNTIF 函数完成。

【操作要点】COUNTIF 函数、VLOOKUP 函数、重复次数计算。

【操作流程】

❶ 分析源数据。所有产品在每个月的销售数据中会不规则地重复出现,添加辅助列的根本目的是对重复值进行编号,使重复数据带有唯一标记,以便查询。本任务源数据如图3－36所示。

	A 生产月份	B 产品名称	E 销量		G 查找同产品第1次销量／产品	H 销量
1	产品销售信息				查找同产品第1次销量	
2	生产月份	产品名称	销量		产品	销量
3	1月	华硕Z390A	54		华硕Z390A	
4	1月	七彩虹RTX2080	205			
5	1月	金干顿FURY/DDR4	288		查找同产品第n次销量	
6	1月	希捷ST3000E	50		产品	销量
7	2月	华硕Z390A	240		七彩虹RTX2080-3	
8	2月	七彩虹RTX2080	232			
9	3月	华硕Z390A	119			
10	3月	金干顿FURY/DDR4	103			
11	3月	七彩虹RTX2080	75			
12	4月	金干顿FURY/DDR4	89			
13	4月	希捷ST3000E	71			
14	4月	华硕Z390A	235			
15	5月	希捷ST3000E	60			

图 3－36　本任务源数据

❷ 添加辅助列。在【产品名称】右侧添加两个辅助列,分别是【次数】以及【产品名称带次数】,如图 3－37 所示。

❸ 编写辅助列公式。在 C3 单元格内编写 COUNTIF 函数,在 D3 单元格内

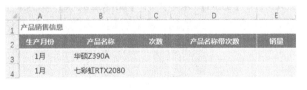

	A 生产月份	B 产品名称	C 次数	D 产品名称带次数	E 销量
1	产品销售信息				
2	生产月份	产品名称	次数	产品名称带次数	销量
3	1月	华硕Z390A			
4	1月	七彩虹RTX2080			

图 3－37　添加辅助列

将产品名称与次数进行连接形成带有次数编号的产品名称,分别如图 3－38 和图 3－39 所示。

❹ 辅助列填充效果如图 3－40 所示。

图 3-38　本任务函数参数　　　　　　　图 3-39　为产品名称追加编号

	生产月份	产品名称	次数	产品名称带次数	销量
1	产品销售信息				
2	生产月份	产品名称	次数	产品名称带次数	销量
3	1月	华硕Z390A	1	华硕Z390A-1	54
4	1月	七彩虹RTX2080	1	七彩虹RTX2080-1	205
5	1月	金干顿FURY/DDR4	1	金干顿FURY/DDR4-1	288
6	1月	希捷ST3000E	1	希捷ST3000E-1	50
7	2月	华硕Z390A	2	华硕Z390A-2	240
8	2月	七彩虹RTX2080	2	七彩虹RTX2080-2	232
9	3月	华硕Z390A	3	华硕Z390A-3	119
10	3月	金干顿FURY/DDR4	2	金干顿FURY/DDR4-2	103
11	3月	七彩虹RTX2080	3	七彩虹RTX2080-3	75
12	4月	金干顿FURY/DDR4	3	金干顿FURY/DDR4-3	89
13	4月	希捷ST3000E	2	希捷ST3000E-2	71
14	4月	华硕Z390A	4	华硕Z390A-4	235
15	5月	希捷ST3000E	3	希捷ST3000E-3	60

图 3-40　辅助列填充效果

⑤ 查询销量。在 H3、H7 单元格内分别输入 VLOOKUP 函数进行查询，如图 3-41 和图 3-42 所示。

图 3-41　第 1 次销量查询

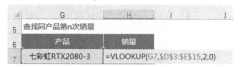

图 3-42　第 3 次销量查询

【总结提高】

❶ 在统计重复次数时，用到了 COUNTIF 函数" = COUNTIF($B$3:B3,B3)"，公式中区域" $B$3:B3"会随着单元格由 B3 向下填充呈现动态变化，但区域起点始终为 B3 单元格，这一点非常重要，这也是使用 COUNTIF 函数统计重复数据的常规做法。

❷ 在查询区，为匹配项（即产品名称）提供下拉列表选择的具体流程是：选中产品名称列，然后利用【数据】菜单中的【删除重复项】工具，得到 4 个名称，将其作为数据验证的来源。同理，查询第 n 次重复的产品名称时，在数据验证对话框中将来源设为【产品名称带次数】。

项目 5　动态图表制作（INDEX 函数 + 开发工具）

【项目概述】统计图的生成依赖于统计表。当统计表中的数据发生变动时，统计图也随之变动。本项目将引入【开发工具】菜单中的【组合框】工具，利用下拉式列表实现对统计表整体数据的动态控制，通过不断地切换下拉项，最终表现为统计图的动态变化。从根本上来讲，动态图表实现了统计图的制作者到阅读者的身份转变，让图表阅读人员能够轻松地获取想要的图表（至少两个维度）。从技术上来讲，动态图表是函数 INDEX 与 Excel 开发工具之间的一次完美结合。

【基本功能】通过前端下拉列的切换，实现统计图的动态变化。

【应用场景】数据可视化。

【语法结构】INDEX(索引区域,索引顺序号)

【源数据】工院 HSZHSZ – Excel 2019 – Project5 – 动态图表

任务1　横向数据动态图表(按月份)

【任务分析】统计图能够动态变化的根本原因是"幕后"统计表中的数据在发生变化，所以首先要解决"数据"的动态化。本任务将通过 INDEX 函数从源数据表中获取横向数据，即某月各单位的预算支付金额，作为后续统计图所必需的动态数据。

基本思路：首先用【开发工具】中的【组合框】工具绘制窗体，通过窗体下拉项生成数字1~12，然后用 INDEX 函数对源数据列表进行纵向索引，并将窗体返回的数字作为索引顺序号参数，最后插入统计图（如柱形图）。

效果展示方法：通过切换窗体下拉按钮实现数据表、统计图的联动。

【操作要点】INDEX 函数、绝对引用（仅锁定行）、开发工具、插入图、图层。

【操作流程】

❶ 分析源数据。要从源数据中获取某一行，首先从"月份"开始，利用 INDEX 函数从月份列中提取具体月份（索引区域为月份列1~12月，顺序号参数可暂时指定1~12之间的任意数字）。然后复制1月数据至源数据表下方，作为数据表的样式，如图3–43所示。

	测绘学院	地质学院	电信学院	化工学院	建筑学院	经管学院	旅游学院	艺术学院
1月	1426	1364	1236	576	775	1996	587	1364
2月	1346	810	1117	940	674	293	1553	522
3月	1558	188	671	811	967	540	1117	1965
4月	964	1648	1832	938	617	1817	992	519
5月	303	482	1408	451	723	1296	1628	1142
6月	162	730	1717	1100	810	1370	1828	473
7月	1500	797	550	982	1003	1829	369	279
8月	366	650	323	218	393	1405	210	1201
9月	1724	683	183	193	962	1503	665	1666
10月	1708	431	693	900	799	964	1427	1420
11月	1260	1409	1854	873	108	301	289	1856
12月	1899	341	1199	1422	598	1133	1127	544

（2020年甘肃省工学院各二级学院预算支付统计表　单位:千元）

	测绘学院	地质学院	电信学院	化工学院	建筑学院	经管学院	旅游学院	艺术学院
1月	1426	1364	1236	576	775	1996	587	1364

图3–43　任务1复制1月数据

❷ 插入图表。选中 A16:I17 单元格区域，然后在【插入】菜单中选择【柱形图】，默认效果如图 3－44 所示。

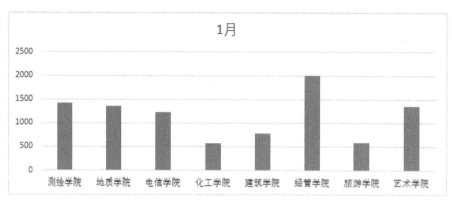

图 3－44　柱形图默认效果

❸ 图表优化。对柱形图的默认效果进行外观优化，主要有：

- 重新制作标题，用文本框蓝底白字/微软雅黑；
- 更改图表样式，样式 7/图柱填充色为白色、背景 1、深色 50%；
- 调整图柱间距，系列间距 80%；
- 设置图柱三维样式，阴影右上。

优化效果如图 3－45 所示。

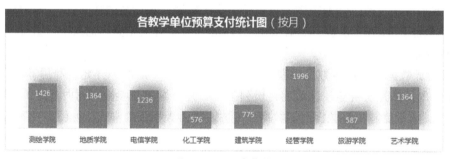

图 3－45　图表优化

❹ 更改"复制"数据。选中 A17 单元格，将"1月"更改为公式"＝INDEX(A\$3:A\$14,3)"。其中数字为 1~12 之间的任意值，本任务输入 3，如图 3－46 所示。

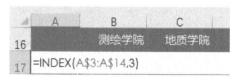

图 3－46　月份索引

❺ 添加开发工具。【文件】→【选项】→【自定义功能区】，选中【开发工具】复选框，如图 3－47 所示。

❻ 绘制窗体。选择【开发工具】→【插入】→【组合框（窗体控件）】，如图 3－48 所示。选中窗体控件，然后右击，在弹出的快捷菜单中选择设置控件格式，如图 3－49 所示。

在"设置控件格式"对话框中完成相关参数设置。需要特别注意的是，【单元格链接】要指向 A18（即将控件返回值放置在 A18 单元格内），作为第❹ 步 INDEX 函数中的索引顺序号，如图 3－50 所示。

图 3-47 添加开发工具

图 3-48 插入组合框

图 3-49 组合框右键菜单

图 3-50 设置控件格式

❼ 更改索引顺序号。将 A17 单元格中 INDEX 函数的索引顺序号更改为对 A18 单元格的引用，如图 3-51 所示。

❽ 调试动态效果。通过切换窗体控件下拉列表，观察返回值的变化以及数据表的变化，重点检查动态数据与源数据是否一致，如图 3-52 所示。

图 3-51　修改索引顺序号

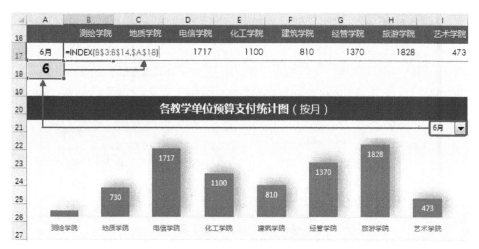

图 3-52　动态过程示意图

需要特别说明的是，窗体控件在绘制完成后进行拖放时，会被统计图遮盖，此时应将窗体"置于顶层"，才能正常显示，如图 3-53 所示。

❾ 最终效果。为了更好地展示动态图表，应将源数据、复制数据、控件返回值等所在单元格全部遮盖，仅保留最终的柱形图，以供阅读者自主切换，如图 3-54 所示。

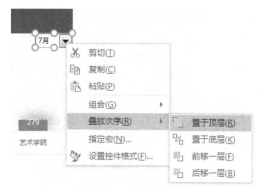

图 3-53　控件图层设置

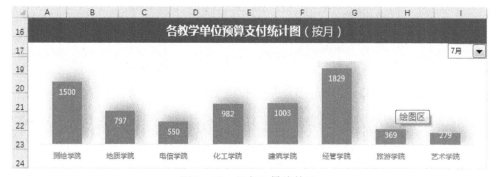

图 3-54　任务 1 最终效果

任务 2　纵向数据动态图表（按部门）

【任务分析】任务 1 是按月展示，通过函数 INDEX 索引指定【月份】后向右拖动形成 "横向" 数据表，进而生成统计图。相对于任务 1，任务 2 要按部门展示，须先通过函数 INDEX 索引指定【部门】，向下拖动，形成 "纵向" 数据，操作过程与任务 1 相同。两者最大的区别在于行、列的转换，在图表上体现为横、纵数据交换。

需要特别注意的是，部门为横向排列，在函数 INDEX 索引时要转为纵向。

【操作要点】选择性粘贴（转置）、绝对引用（仅锁定列）。

【操作流程】

❶ 复制数据表。选中 A2:B14 单元格区域，将其复制到源数据表右铡 K2:L14 单元格区域，如图 3-55 所示。

⁴	A	B	C	D	E	F	G	H	I	J	K	L	M
1	2020年甘肃省工学院各二级学院预算支付统计表								单位：千元				
2		测绘学院	地质学院	电信学院	化工学院	建筑学院	经管学院	旅游学院	艺术学院			测绘学院	
3	1月	1426	1364	1236	576	775	1996	587	1364		1月	1426	
4	2月	1346	810	1117	940	674	293	1553	522		2月	1346	
5	3月	1558	188	671	811	967	540	1117	1965		3月	1558	
6	4月	964	1648	1832	938	617	1817	992	519		4月	964	
7	5月	303	482	1408	451	723	1296	1628	1142		5月	303	
8	6月	162	730	1717	1100	810	1370	1828	473		6月	162	
9	7月	1500	797	550	982	1003	1829	369	279		7月	1500	
10	8月	366	650	323	218	393	1405	210	1201		8月	366	
11	9月	1724	683	183	193	962	1503	665	1666		9月	1724	
12	10月	1708	431	693	900	799	964	1427	1420		10月	1708	
13	11月	1260	1409	1854	873	108	301	289	1856		11月	1260	
14	12月	1899	341	1199	1422	598	1133	1127	544		12月	1899	

图 3-55　复制列表样式

❷ 选择性粘贴。选中所有部门→【复制】→【选择性粘贴】→【转置】，如图 3-56 所示。

❸ 插入图表。将任务 1 的统计图复制 1 份放置在任务 1 统计图的下方，作为任务 2 的统计图。

❹ 图表美化。与任务 1 相同，但配色有变化（蓝色/个性色 1/深色 50%）。

❺ 绘制窗体控件。操作与任务 1 相同。窗体绘制、设置完成后，在 L2 单元格中编写 INDEX 函数进行索引，如图 3-57 所示。

图 3-56 选择性粘贴　　　　　图 3-57 INDEX 函数参数

⑥ 动态效果检查。操作与任务 1 相同。

⑦ 最终效果如图 3-58 所示。

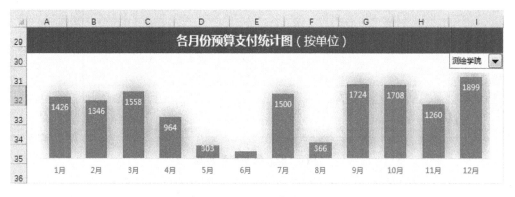

图 3-58 任务 2 最终效果

【总结提高】

❶ 动态图表制作涉及的方面较多，如函数、主菜单的自定义、粘贴方式、图片的叠放次序、图表优化等。

❷ 动态图表的最大意义在于将统计图由制作者转交给阅读者。所以，对图表的美观性要求较高，制作者还应根据实际需求设计个性化的图表。

项目 6　同类项的合并、排序与汇总问题（COUNT +SUM 函数组合）

【项目概述】在日常统计工作中，对相同数据记录进行合并、排序、求和的操作十分常见。大多数统计人员都是“手动合并、手动排序、逐一求和”，这样做效率很低，且出错率高。本项目将通过一组简单的案例，结合 COUNT、SUM 两个常用函数以及分类汇总功能给出一种快速而有效的解决方案。

【基本功能】同类数据项的合并、排序与求和问题。

【应用场景】分类统计信息表。

【语法结构】COUNT($A$1:A1)+1

SUM(C2:C30)-SUM(D3:D30)

【源数据】工院 HSZHSZ－Excel 2019－Project6－同类项合并排序与求和

任务 1　同类项合并

【任务分析】本任务源数据中因每个员工销售的产品不同，所以姓名列有重复。严格来讲，为了规范源数据格式，Excel 数据操作中一般不建议合并。但在日常的业务往来中，我们要将导出的原始数据进行必要的合并与排序，或者做简单的汇总，以便管理人员阅读和分析。所以，具备对合并单元格的综合处理能力很重要。

同类项合并的方法较多。本任务利用“分类汇总”功能完成对同类数据项的合并，还会涉及单元格的定位、选择性粘贴等操作。

【操作要点】分类汇总、条件定位、格式粘贴。

【操作流程】

❶ 分析源数据。本任务的目的是要对姓名列中姓名相同者进行合并。我们用分类汇总结合定位功能完成同类项的合并。本任务源数据如图 3－59 所示。

	A	B	C	D	E
1	序号	姓名	产品	销售额	合计
2		关彤晓	亮肤水	1901.00	
3		关彤晓	面霜	2381.00	
4		Tony	美颜套餐	930.00	
5		侯平亮	亮肤水	2027.00	
6		侯平亮	面霜	869.00	
7		侯平亮	美颜套餐	2543.00	
8		沙金瑞	亮肤水	2988.00	
9		沙金瑞	面霜	2178.00	
10		沙金瑞	美颜套餐	1343.00	
11		祁伟同	亮肤水	2908.00	
12		祁伟同	面霜	944.00	
13		祁伟同	美颜套餐	2156.00	
14		祁伟同	唇膏	1776.00	
15		王凯俊	亮肤水	2952.00	
16		王凯俊	面霜	1708.00	
17		王凯俊	美颜套餐	1272.00	
18		王凯俊	唇膏	1731.00	
19		鹿晗晗	亮肤水	680.00	
20		鹿晗晗	面霜	883.00	
21		鹿晗晗	唇膏	649.00	
22		赵颖丽	亮肤水	1767.00	
23		赵颖丽	面霜	2010.00	
24		赵颖丽	美颜套餐	2160.00	

图 3－59　任务 1 源数据

> **注意：**分类汇总功能一般会将汇总结果显示在数据下方，并且分级显示，即在汇总结果上、下留出空白单元格，我们将空白格定位后批量合并，再撤销分类汇总，恢复表格原有样式，最后做格式粘贴即可。

② 分类汇总。选中数据区 A1:E24，然后利用【数据】菜单→【分类汇总】工具，打开【分类汇总】对话框，相关设置如图3－60所示。

③ 空值定位。在生成的分类汇总数据中选中 A 列有数据的区域 A1:A38，按【Ctrl＋G】组合键，打开"定位"对话框，如图3－61所示。单击【定位条件】按钮，在打开的【定位条件】对话框中选中【空值】单选按钮，如图3－62所示。

图3－60　【分类汇总】对话框

图3－61　【定位】对话框

图3－62　设置定位条件

④ 合并。在定位到空值后，所有汇总值上方的空白单元格均被选中，如图3－63所示。此时，选择【开始】菜单→【合并后居中】工具。

⑤ 删除汇总结果。在完成对空白格的合并后，再次选中所有数据区域，然后利用【分类汇总】工具打开【分类汇总】对话框，单击【全部删除】按钮，再单击【确定】按钮完成对汇总值的清除，如图3－64所示。

图3－63　空白单元格合并

⑥ 将完成的序号列空白格复制，分别粘贴至姓名、合计列，如图3－65所示。

图3－64　删除分类汇总

图3－65　序号列合并效果

序号	姓名	产品	销售额	合计
	关彤晓	亮肤水	1901.00	
	关彤晓	面霜	2381.00	
	Tony	美颜套餐	930.00	
	侯平亮	亮肤水	2027.00	
	侯平亮	面霜	869.00	
	侯平亮	美颜套餐	2543.00	

> **注意**：分类汇总的作用是产生汇总值上方的"空白格"，对"空白格"合并后再用格式粘贴至姓名列，从而完成对相同姓名的合并。所以，分类汇总的值是没有实际意义的，仅作为合并任务中的过渡。

任务 2　合并单元格的排序

【任务分析】合并单元格的排序问题经常遇到。因为合并单元格不能用拖动填充完成，一般统计人员会手工输入序号，这种办法当单元格数量较少时完全可行，但当合并单元格的数量很多，且不断有添加行或删除行操作时，手工输入的序号则会失效。

本任务利用 COUNT 函数对合并单元格的序号进行"动态"处理，以使得在删除或添加行时仍保持序号的正确性。

本任务考察了基本的排序原理，即所有序号均基于前一值而递增或递减。

【操作要点】COUNT 函数、排序原理、循环计算、批量填充。

【操作流程】

❶ 分析源数据。所有序号均由 1 开始累计生成，在 A2 单元格内输入数字 1，如图 3-66 所示。

图 3-66　首单元格

❷ 编写函数。选中除首单元格以外的其他待填充区域，按【=】键开始输入，如图 3-67 所示。其中计数起始位置 A2 单元格须锁定。输入完成后按【Ctrl+Enter】组合键完成批量填充。

❸ 排序结果如图 3-68 所示。

图 3-67　任务 2 函数参数

图 3-68　任务 2 排序结果

任务 3　合并单元格的求和

【任务分析】合并单元格的求和往往与同类项合并、合并后排序等问题相伴随。在企业级数据统计中，合并单元格数量动辄千余条，甚至上万条。此时，一定要借助函数来完成汇总操作。本任务的解决方法有多种，本任务将用大家熟悉的 SUM 函数，结合循环计算原理，完成对合并单元格的批量求和。

【操作要点】COUNT 函数、排序原理、循环计算、批量填充。

【操作流程】

❶ 选择求和区域。全选待求和区域 E2:E27，按【=】键进行输入，如图 3-69 所示。输入结束后按【Ctrl+Enter】组合键完成公式的批量填充。

❷ 求和结果如图 3-70 所示。

序号	姓名	产品	销售额	合计
1	关彤晓	亮肤水	1901.00	=SUM(D2:D27)-SUM(E3:E27)
		面霜	2381.00	
2	Tony	美颜套餐	930.00	
?	侯平亮	亮肤水	2027.00	
		面霜	969.00	
		美颜套餐	2543.00	

图 3-69 任务 3 函数参数

序号	姓名	产品	销售额	合计
1	关彤晓	亮肤水	1901.00	4282.00
		面霜	2381.00	
2	Tony	美颜套餐	930.00	930.00
3	侯平亮	亮肤水	2027.00	5439.00
		面霜	869.00	
		美颜套餐	2543.00	
4	沙金瑞	亮肤水	2988.00	6509.00
		面霜	2178.00	
		美颜套餐	1343.00	

图 3-70 任务 3 求和结果

【总结提高】

❶ 本项目主要讲解了合并单元格数据处理以及数据（或公式）批量填充问题，这类操作在日常办公中十分常见，掌握一定的方法后可以大大提高工作表以及数据的处理速度。

❷ 在专业的数据处理业务中，每个数据无论重复与否都应单独存放。因此，我们应尽可能地减少对单元格的合并操作，以提高数据输出、数据查询、数据匹配、数据判定等工作的速度和精度。

❸ 函数语法解析如图 3-71 和图 3-72 所示。

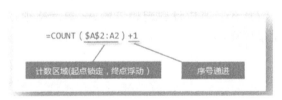

图 3-71 合并单元格排序公式解析图示

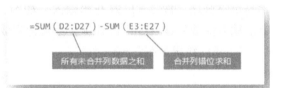

图 3-72 合并单元格求和公式解析图示

项目7 收入分布与向上（或向下）累积问题（FREQUENCY 函数）

【项目概述】工资分布、成绩分布以及其他有基本区间限制的数据分布问题是统计工作人员必然会涉及的一项业务。本项目将以工资分布为例，对工资在指定区间内的人数、每区间人数的百分比、向上（或向下）累积求和等一系列统计任务进行分析解决，主要考察频数统计函数 FREQUENCY 以及绝对引用、相对引用的具体应用。

【基本功能】解决一组数据在指定区间内的分布及相关问题。

【应用场景】工资、成绩、营收等千行级数据。

【语法结构】FREQUENCY(源数据区域,分界点)

【源数据】工院 HSZHSZ-Excel 2019-Project7-统计数据分布问题

任务 1　计算收入在指定区间内的人数

【任务分析】本任务源数据给出 100 份收入样本，要求按指定区间统计数据个数分布。此任务要利用频数统计函数 FREQUENCY 完成。FREQUENCY 函数是分段统计业务的必备工具，其用法较为简单，功能强大，只要区间分界点设置得当，可大大提升统计效率。

【操作要点】上限不在内原则、FREQUENCY 函数、分界点。

【操作流程】

❶ 分析源数据。源数据共有 100 份数据样本，最值分别为 817、15602，现根据指定区间（共 9 段）统计人数，每个区段由分界点划分产生，即 1000、2000、…、6000、8000、10000，共 8 个分界点，如图 3－73 所示。

❷ 分界点。本例要特别注意"上限不在内"的统计原则，如 3000 元应在 [3000,4000) 区间，而不在 [2000,3000) 区间。基于此，须将 FREQUENCY 函数参数中分界点的值设为表中所显示分界点减去"1"，否则"3000"会被统计在"2000~3000"组中，如图 3－74 所示。

图 3－73　任务 1 源数据

图 3－74　分界点

❸ 编写函数。在 E4 单元格内编写频数统计函数 FREQUENCY，如图 3－75 所示。要注意的是，本步骤须全选 E4:E12 单元格区域，输入完成后按【Ctrl＋Shift＋Enter】组合键转为数组输出。

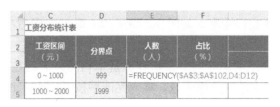

图 3－75　FREQUENCY 函数参数

❹ 计算占比。在 F4 单元格内编写公式，计算分段人数占比，如图 3－76 所示。其中，总人数引用 E13 单元格，并且要将其锁定。

❺ 统计结果。计算结果输出后，要将 F 列单元格格式设置为百分比样式，如图 3－77 所示。

工资区间（元）	分界点	人数（人）	占比（%）
0～1000	999	1	=E4/$E$13
1000～2000	1999	9	
2000～3000	2999	9	
3000～4000	3999	11	
4000～5000	4999	7	
5000～6000	5999	7	
6000～8000	7999	14	
8000～10000	9999	23	
10000以上	20000	19	
合计	——	100	

图 3－76　百分比批量填充公式

工资区间（元）	分界点	人数（人）	占比（%）
0～1000	999	1	1
1000～2000	1999	9	9
2000～3000	2999	9	9
3000～4000	3999	11	11
4000～5000	4999	7	7
5000～6000	5999	7	7
6000～8000	7999	14	14
8000～10000	9999	23	23
10000以上	20000	19	19
合计	——	100	100

图 3－77　任务 1 统计结果

任务 2　统计向上（或向下）累积人数与占比

【任务分析】基于任务 1 分段统计人数，本任务将进行向上（或向下）累积人数与占比的统计。例如［2000～3000）区段将统计 3000 元以下（不含 3000 元）的人数及占比，此时，区段下限始终是“0～1000”，而区段上限是浮动的，因此要用“$”将区段下限（即“0～1000”）进行锁定。

【操作要点】绝对引用、批量填充分界点。

【操作流程】

❶ 向上累积。向上累积须基于任务 1 中的分段人数分布进行计算。全选 G4:G12 单元格区域，输入 SUM 函数，如图 3－78 所示。

工资区间（元）	分界点	人数（人）	向上累… 人数
0～1000	999	1	=SUM($E$4:E4)
1000～2000	1999	9	

图 3－78　向上累积公式

❷ 向上累积占比计算。全选 G4:G12 单元格区域，输入公式计算向上累积人数占比。其中，分母（即总人数）要进行锁定，如图 3－79所示。输入完成后按【Ctrl＋Enter】组合键批量填充。

❸ 向下累积。向下累积方法与向上累积方法基本相同，区别在于要锁定求和区域终点，如图 3－80 所示。全选 I4:I12 单元格区域，输入完成后按【Ctrl＋Enter】组合键批量填充。

❹ 向下累积占比计算与第❷步方法相同。

❺ 统计结果如图 3－81 所示。

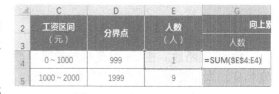

人数 （人）	占比 （%）	向上累积	
		人数	占比
1	1	1	=G4/$E$13
9	9	10	
9	9	19	
11	11	30	
7	7	37	
7	7	44	
14	14	58	
23	23	81	
19	19	100	
100	100		

图 3－79　向上累积占比

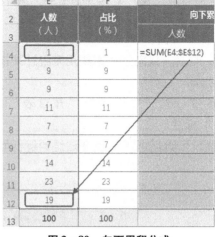

图 3－80　向下累积公式

工资区间 （元）	分界点	人数 （人）	占比 （%）	向上累积		向下累积	
				人数	占比	人数	占比
0 ~ 1000	999	1	1	1	1%	100	100%
1000 ~ 2000	1999	9	9	10	10%	99	99%
2000 ~ 3000	2999	9	9	19	19%	90	90%
3000 ~ 4000	3999	11	11	30	30%	81	81%
4000 ~ 5000	4999	7	7	37	37%	70	70%
5000 ~ 6000	5999	7	7	44	44%	63	63%
6000 ~ 8000	7999	14	14	58	58%	56	56%
8000 ~ 10000	9999	23	23	81	81%	42	42%
10000以上	20000	19	19	100	100%	19	19%
合计	——	100	100				

图 3－81　任务 2 统计结果

注意：本任务使所有公式输出更快捷的方法是，依次完成 F4 至 J4 单元格公式，并全选 F4:J4 单元格，双击填充，如图 3－82 所示。

图 3－82　一次性填充法

【总结提高】

❶ FREQUENCY 函数是分段统计的必备工具，是数组运算的典型用法，用【Ctrl + Shift + Enter】组合键输出。FREQUENCY 函数中统计区域要用 "$" 锁定，统计区域与分界点之间用 "，" 隔开，当用按键、鼠标配合时按【Ctrl】键可替代 "，"，实现快速输入。此外，

当源数据带有小数时，如 5882.68，则分界点应保留相应小数位数并取最大值，即设置为 999.99、1999.99、9999.99……最后一组区间界点应大于或等于源数据最大值，确保能"包"住源数据。

② 向上（或向下）累积用来统计某指定值以下（或以上）数据的个数（或人数），务必准确区分。

③ 统计表一般设计为"开口表"，且表内不允许留空，特殊情况要用"——"或"……"标注。

④ FREQUENCY 函数语法结构解析如图 3 - 83 所示。

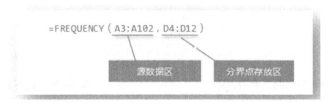

=FREQUENCY（A3:A102，D4:D12）

源数据区　　　　分界点存放区

图 3 - 83　FREQUENCY 函数语法结构解析图示

项目 8　动态数据的短期趋势分析（季节比率）

【项目概述】动态数据（或数列）指的是随时间变化而变动的数据阵列。影响动态数列的主要因素有长期趋势、季节变动、循环变动、不规则变动。本项目介绍统计预测领域最常见的一种情形，即季节变动。例如农副产品产量因季节更替而有淡季、旺季之分；商业部门的许多商品的销售量也随着气候的变化而形成有规律的周期性变动。其特点是重复性、周期性、周期内变化强度大。

分析和测定季节变动最常用的方法是按月（季）平均法，即通过若干年数据资料计算出同月平均值与所有月度数据总平均值，最后对比得出各季节的比率。季节比率是进行季节变动分析的重要指标，可用来说明季节变动的程度。

季节比率值高则说明是"旺季"，反之则为"淡季"。

【基本功能】动态数据的短期趋势预测（即"季节变动"）。

【应用场景】呈一定规律性变动的连续数据（如农副产品、季节性商品）。

【语法结构】季节比率 = 同月平均值/月度数据总平均值

【源数据】工院 HSZHSZ – Excel 2019 – Project8 – 动态数据的短期趋势分析

任务 1　周期性产品销量预测

【任务分析】给出某商场 2015 ~ 2019 年空调销量数据，如图 3 - 84 所示，要求预测 2020 年每月销量。根据季节性动态数列预测算法，首先应计算出季节比率，然后用 2019 年各月平均销量乘以季节比率得出 2020 年的每月预测销量。

图 3-84　任务 1 源数据

【操作要点】 季节比率算法、预测值算法。

【操作流程】

❶ 计算五年合计销量与同月平均销量。在 G3、H3 单元格分别用 SUM 函数、AVERAGE 函数计算五年合计销量与同月平均销量，如图 3-85 所示。完成后双击向下填充。

❷ 计算年度总销量与平均销量。在 B15、B16 单元格分别计算 2015 年总销量与平均销量，如图 3-86 所示。完成后向右填充。

图 3-85　五年合计销量与同月平均销量

❸ 计算季节比率。在 I3 单元格内输入公式计算季节比率，如图 3-87 所示。完成后双击向下填充。

图 3-86　年度合计销量与平均销量

图 3-87　季节比率

注意：季节比率 = 同月平均销量/5 年总平均销量

❹ 计算预测值。在 J3 单元格内输入公式，计算 2020 年 1 月预测销量，如图 3-88 所示。完成后向下填充。

图 3-88　计算预测销量

⑤ 预测结果。在第 ④ 步完成后，检查各项统计值是否与2019年有较大出入，理论上应与2019年持平或略有增减。预测结果如图 3-89 所示。

月份	2015年	2016年	2017年	2018年	2019年	五年合计	同月平均	季节比率(%)	2020年预测销量
1月	10	9	12	9	7	47	9.4	32	9.4
2月	19	15	12	10	14	70	14	47	14.0
3月	20	24	20	36	26	126	25.2	85	25.3
4月	24	24	18	14	20	100	20	67	20.0
5月	32	36	36	32	30	166	33.2	112	33.3
6月	42	45	46	43	45	221	44.2	149	44.3
7月	41	48	57	30	52	228	45.6	154	45.7
8月	88	82	88	86	91	435	87	203	87.2
9月	30	28	26	28	22	134	26.8	90	26.9
10月	22	19	22	21	23	107	21.4	72	21.4
11月	16	17	17	18	15	83	16.6	56	16.6
12月	8	13	16	15	12	64	12.8	43	12.8
合计	352.0	360.0	370.0	342.0	357.0	1781.0	356.2	1200	357.0
平均	29.3	30.0	30.8	28.5	29.8	148.4	**29.7**	100	29.8

图 3-89　任务 1 预测结果

任务2　绘制统计图(带趋势线)

【任务分析】统计表与统计图的相互结合是数据处理工作的重要内容。一张数据完整的统计表，搭配形式恰当、样式新颖的统计图，往往会带给阅读者良好的阅读体验。本书将在第图表篇集中介绍图表的制作。本项目统计数据清晰、内容简捷，非常适合用"图说"。现将任务 1 的结果用统计图的形式进行表现。本任务以含数据标记的散点图（同时含趋势线）为例进行分析。

自 Excel 2016 版本起，系统自带了极其丰富的统计图表样式，即便是最常见的图表类型如柱形图、条形图、折线图、环形图等，其内置可选样式也有进一步细分，可根据统计图输入要求和数据表达需要进行准确选择。

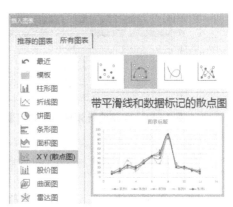

图 3-90　插入散点图

【操作要点】散点图、趋势线。

【操作流程】

❶ 选中 A3:F14 单元格区域，插入散点图（带平滑线和数据标记类型），如图 3-90 所示。

❷ 设置坐标轴格式。选中横坐标轴，双击或右击→【设置坐标轴格式】命令→【设置坐标轴格式】对话框→【坐标轴选项】选项卡，设置主要刻度单位为 1。

❸ 设置图例。选中图例，编辑图例名称分别为 2018 年、2019 年……如图 3-91 和图 3-92 所示。

图 3-91　数据系列编辑

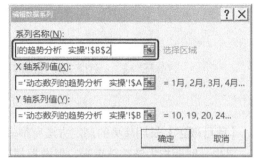

图 3-92　数据系列名称编辑

④ 添加图表元素。选中图表区，在右上角（或【设计】菜单→【添加图表元素】→【趋势线】）添加趋势线，如图 3-93 所示。

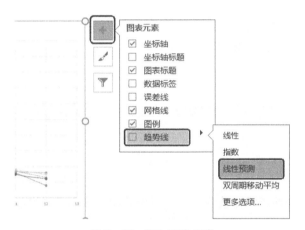

图 3-93　添加图表元素

⑤ 完成效果如图 3-94 所示。

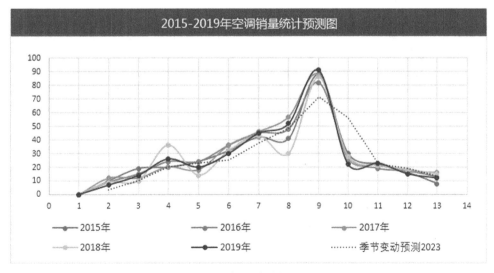

图 3-94　销量统计与预测图

项目 9 动态数据的长期趋势测定（移动平均）

【项目概述】长期趋势的测定方法有很多，常用的有时距扩大法、移动平均法、数学模型法等。其中，时距扩大法简单直观，但数据损失较大，时距扩大幅度受数据变动周期影响，准确性不高；数学模型法是用适当的数学模型来反映动态数据各因素之间的关系，是在测定长期趋势时广泛使用的一种方法，测算时要引入最小平方法与趋势方程，需要一定的数学基础。

本项目重点介绍精度适中、普遍适用的趋势测定方法——移动平均法。其基本原理是在动态数据中按一定的项数逐项移动计算平均数，以达到对原始数据修匀的目的。具体分为三项移动平均法与四项移动平均法。

【基本功能】动态数据的长期趋势测定。

【应用场景】呈长期性变动的连续数据。

【系统组件】分析工具。

【源数据】工院 HSZHSZ – Excel 2019 – Project9 – 动态数据的长期趋势测定

任务 1 三项/四项移动平均

【任务分析】本任务要求根据该企业当年产值数据，预测总体发展趋势。所谓"三项移动平均"即将原数据按 3 个为一组计算平均值，依次向下"组对"计算，源数据共 12 个数据，三项移动平均后输出 10 个。具体计算过程由【数据分析】工具完成。

【操作要点】分析工具库。

【操作流程】

❶ 源数据分析。源数据比较直观，如图 3 – 95 所示。利用【数据分析】工具进行简要设置后即可自动完成输出。

	A	B	C	D	E	F
1	某企业2020年总产值统计表					单位:百万元
2	月份	总产值	三项移动平均	四项移动平均	移动平均	误差
3	1月	76.3				
4	2月	79.5				
5	3月	73.1				
6	4月	78.2				
7	5月	85.3				
8	6月	82				
9	7月	88				
10	8月	89.9				
11	9月	95.4				
12	10月	90.6				
13	11月	99.8				
14	12月	91				

图 3 – 95 任务 1 源数据

❷ 运行加载项。【数据分析】工具默认不显示在菜单中，需要手动加载。具体步骤：【文件】菜单→【Excel 选项】按钮→【Excel 选项】对话框→【加载项】选项卡，选择【分析工具库】后单击【确定】按钮，如图3-96所示。

❸ 工具选择。单击【数据】菜单→【数据分析】工具，在打开的【数据分析】对话框中选中【移动平均】选项，如图3-97所示。

图3-96　分析工具库加载

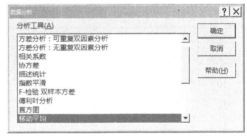

图3-97　移动平均

❹ 三项移动平均。在【移动平均】对话框中完成相关设置，如图3-98所示。

❺ 四项移动平均设置如图3-99所示。

图3-98　三项移动平均

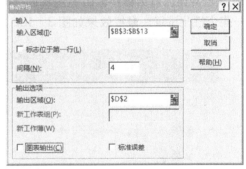

图3-99　四项移动平均

任务2　测定结果分析

【任务分析】测定结果基于四项移动平均进行，同时要对移动平均最终结果进行必要的误差分析，即要输出原数据与测定误差之间的对比图。

【操作要点】散点图。

【操作流程】

❶ 最终移动平均。在任务1的基础上继续单击【数据】菜单→【数据分析】→【移动平均】进行计算，如图3-100所示。

图3-100　最终输出（带图）

❷ 移动平均预测结果。对计算完成的统计表做适当调整，将错误提示符"N/A"统一替换为统计规范所要求的短画线"—"，即此单元格不应有数据，如图3-101所示。

	A	B	C	D	E	F
2	月份	总产值	三项移动平均	四项移动平均	移动平均	误差
3	1月	76.3	—			
4	2月	79.5	76.30	—	—	
5	3月	73.1	76.93	76.78	77.90	
6	4月	78.2	78.87	79.03	79.34	0.826
7	5月	85.3	81.83	79.65	81.51	1.335
8	6月	82	85.10	83.38	84.84	1.674
9	7月	88	86.63	86.30	87.56	1.366
10	8月	89.9	91.10	88.83	89.90	1.173
11	9月	95.4	91.97	90.98	92.45	1.291
12	10月	90.6	95.27	93.93	94.06	1.048
13	11月	99.8	93.80	94.20	—	
14	12月	91	—	—	—	

图3-101　预测结果

❸ 误差对比。对第❶步输出的图表进行调整，改为散点图_样式3。其他图表元素根据情况做一些个性化设置。最终效果如图3-102所示。

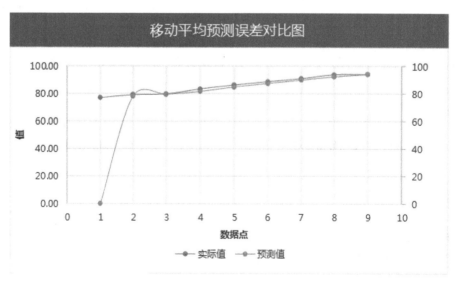

图3-102　预测误差对比图

【总结提高】

❶ 移动平均本质上是对"时距扩大法"的改良，两者都是将源数据条数进行缩减，直至具有明显变化趋势为止。

❷【数据分析】是数据分析人员经常使用的一种分析工具，使用简捷，精度适中。

项目 10 回归分析

【项目概述】回归分析是指根据一个或一组非随机变量来估计或预测某一个随机变量的观测值时，所建立的数学模型及所进行的统计分析。按变量个数的多少，有一元回归分析与多元回归分析之分，它们的原理类似。按变量之间关系的形式，回归分析可以分为线性回归分析和非线性回归分析。除 SPSS、Matlab 之外，Excel 也具备强大的回归分析功能。

【基本功能】数据拟合、趋势预测。

【应用场景】有一定因果关系（数学中称为"映射"）的变量间的关联度测定。

【技术要求】分析工具、数理统计、误差理论、数学函数基础。

【源数据】工院 HSZHSZ – Excel 2019 – Project10 – 回归分析

任务 1 一元线性回归分析

【任务分析】本任务根据 2017 年甘肃省城镇居民人均年可支配收入（如图 3–103 所示）和人均年消费支出（如图 3–104 所示）计算两者关联度，并输出二元一次表达式。

单位：元

地 区	可支配收入	工资性收入	经营净收入	财产净收入	转移净收入
兰州市	32331	18099	897	4139	9196
嘉峪关市	36491	28108	1280	2437	4666
金昌市	34672	26422	3092	1836	3321
白银市	27465	19071	2704	1197	4493
天水市	24612	16849	2545	1892	3326
武威市	25572	19344	1631	1293	3303
张掖市	23309	14285	2626	1837	4560
平凉市	25415	17522	2164	1710	4018
酒泉市	32478	22562	4828	1864	3224
庆阳市	27476	19784	2976	2297	2420
定西市	22543	15995	2402	1257	2889
陇南市	22185	16010	2595	1079	2502
临夏州	19380	11121	2869	1195	4194
甘南州	23012	17871	3343	708	1089

图 3–103 人均年可支配收入

单位：元

地 区	消费性支出	食品烟酒	衣 着	居 住	生活用品及服务	交通通信	教育文化娱 乐	医疗保健	其他用品和服务	恩格尔系数(%)
兰州市	24071	7355	1931	4682	1450	2985	2953	2189	526	30.6
嘉峪关市	27074	9040	2650	4018	1387	4623	2928	1518	911	33.4
金昌市	19319	5524	2657	2929	1313	2394	2369	1296	836	28.6
白银市	15700	5082	1775	2620	1234	1617	1847	1019	506	32.4
天水市	14734	4306	1370	3874	928	1502	1647	863	244	29.2
武威市	18667	6178	2076	3571	969	1908	2348	1364	253	33.1
张掖市	20541	6228	2191	3796	1496	1724	2486	2302	318	30.3
平凉市	15189	4138	1463	3094	862	1889	1734	1682	328	27.2
酒泉市	24578	7320	2749	3897	1653	2812	3593	1958	596	29.8
庆阳市	16114	5061	1807	3589	1127	1675	1449	1004	401	31.4
定西市	15873	5190	1707	3216	1139	1367	1613	1276	365	32.7
陇南市	13970	4415	1579	2442	1222	1524	1538	893	357	31.6
临夏州	14650	4659	1583	3093	1239	1596	1138	1076	267	31.8
甘南州	15730	5932	1776	3063	1210	1643	1007	719	380	37.7

图 3－104　人均年消费支出

【操作要点】回归、回归方程、趋势线、图表编辑。

【操作流程】

❶ 数据整理。对图 3－103 和图 3－104 中的数据进行整理，得到人均可支配收入与消费支出统计表，如图 3－105 所示。

	A	B	C	D
1	2017年甘肃省城镇居民收入消费统计表			单位：元
2	序号	地区	人均可支配收入（X）	人均消费支出（Y）
3	1	兰州市	32331	24071
4	2	嘉峪关市	36491	27074
5	3	金昌市	34672	19319
6	4	白银市	27465	15700
7	5	天水市	24612	14734
8	6	武威市	25572	18667
9	7	张掖市	23309	20541
10	8	平凉市	25415	15189
11	9	酒泉市	32478	24578
12	10	庆阳市	27476	16114
13	11	定西市	22543	15873
14	12	陇南市	22186	13970
15	13	临夏州	19380	14650
16	14	甘南州	23012	15730

图 3－105　任务 1 源数据

❷ 回归分析。单击【数据】菜单→【数据分析】，在【数据分析】对话框中选中【回归】选项，单击【确定】按钮，如图3－106所示。

❸ 回归设置。在【回归】对话框内完成相关设置，如图3－107所示。

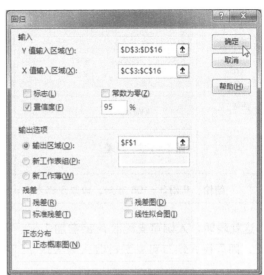

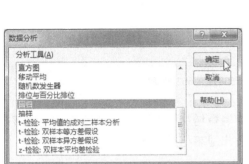

图3－106　数据分析类型选择　　　　　　　图3－107　回归设置

❹ 回归结果及相关分析如图3－108～图3－110所示。

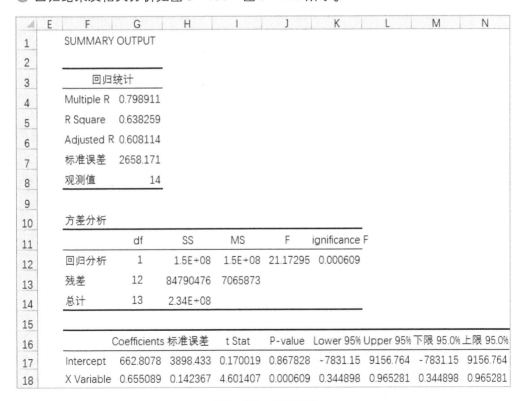

图3－108　回归结果

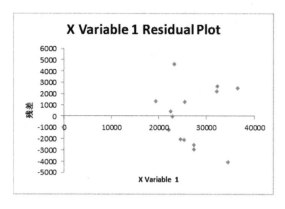

图 3-109　残差

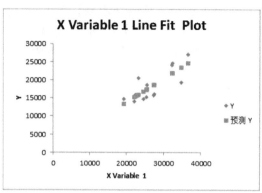

图 3-110　线性拟合

> ✔ **结论**：从图 3-108 可知，回归方程为 $y = 0.655089x + 662.8078$。

这就表明，人均可支配收入每增加 1 元，人均消费增加 0.655 元。P 值远小于显著水平 0.05，即居民人均年可支配性收入与人均年消费支出显著相关，回归分析可信度较高。

> ✔ **注意**：除用【回归】工具直接输出结果外，散点图可以直观地表现出收入与支出的分布情况，同时还可以显示回归方程。基本步骤是：选择源数据→插入【散点图】→添加【趋势线】，对图表进行适当编辑，如图 3-111 和图 3-112 所示。

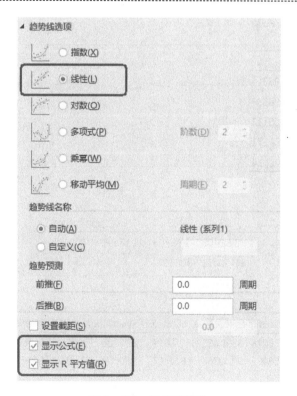

图 3-111　添加趋势线

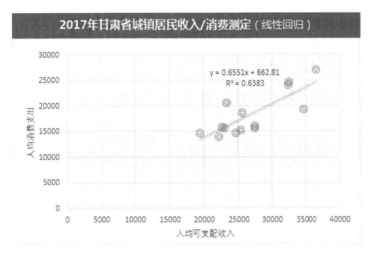

图 3 - 112　回归直线与回归方程

　多元回归分析

【任务分析】 本任务提供了某产品在 24 个市场的营销费用，如图 3 - 113 所示。要求基于销售价格、广告费用及销售利润数据拟合出三者的关系，并给出初步的分析结论。

【操作要点】 多元回归、随机试验变量组、交互变量、回归方程。

【操作流程】

❶ 实验数据。我们看到相同价格不同广告费用的销售利润差别比较大，因此先选取几组数据，绘制散点图进一步观察，如图 3 - 114 和图 3 - 115 所示。

市场	销售价格（X₁）	广告费用（X₂）	销售利润（Y）
2011-2019年工院宏大集团广告成本与利润统计表			单位：千元
1	2	50	478
2	2.5	50	373
3	3	50	335
4	2	50	473
5	2.5	50	358
6	3	50	329
7	2	50	456
8	2.5	50	360
9	3	50	322
10	2	50	437
11	2.5	50	365
12	3	50	342
13	2	100	810
14	2.5	100	653
15	3	100	345
16	2	100	832
17	2.5	100	641
18	3	100	372
19	2	100	800
20	2.5	100	620
21	3	100	390
22	2	100	790
23	2.5	100	670
24	3	100	393

图 3 - 113　任务 2 源数据

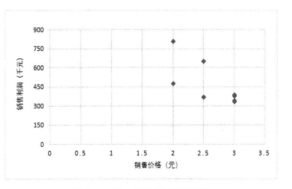

市场	销售价格（X₁）	广告费用（X₂）	销售利润（Y）
1	2	50	478
2	2.5	50	373
3	3	50	335
13	2	100	810
14	2.5	100	653
15	3	100	345

图 3 - 114　观察数据

图 3 - 115　实验数据关系图

> ✔ 分析：随着价格的增加，广告费用从5万元增加到10万元所产生的边际效益在减少。也就是说，随着价格的变化，广告费用的投入和销售利润的关系也会变化，即两个自变量共同对因变量产生关系。

❷ 引入交互项。基于第❶步的分析，需引入自变量交互项 X_1X_2，如图3-116所示。

市场	销售价格 （X_1）	广告费用 （X_2）	销售价格*广告费用 （X_1X_2）	销售利润 （Y）
1	2	50	100	478
2	2.5	50	125	373
3	3	50	150	335
4	2	50	100	473
5	2.5	50	125	358
6	3	50	150	329
7	2	50	100	456
8	2.5	50	125	360
9	3	50	150	322
10	2	50	100	437
11	2.5	50	125	365
12	3	50	150	342
13	2	100	200	810
14	2.5	100	250	653
15	3	100	300	345
16	2	100	200	832
17	2.5	100	250	641
18	3	100	300	372
19	2	100	200	800
20	2.5	100	250	620
21	3	100	300	390
22	2	100	200	790
23	2.5	100	250	670
24	3	100	300	393

图3-116 添加交互作用列

❸ 回归分析。【数据】菜单→【数据分析】→【回归】，设置如图3-117所示。

❹ 回归结果如图3-118所示。

图3-117 回归设置

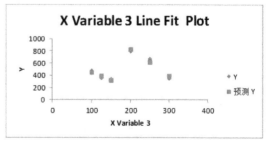

图3-118 回归结果

⑤ 交互项线性拟合如图 3-119 所示。

	G	H	I	J	K	L	M	N	O
43	SUMMARY OUTPUT								
44									
45	回归统计								
46	Multiple R	0.988993815							
47	R Square	0.978108766							
48	Adjusted R	0.974825081							
49	标准误差	28.17386496							
50	观测值	24							
51									
52	方差分析								
53		df	SS	MS	F	ignificance F			
54	回归分析	3	709316	236438.67	297.86923	9.259E-17			
55	残差	20	15875.333	793.76667					
56	总计	23	725191.33						
57									
58		Coefficients	标准误差	t Stat	P-value	Lower 95%	Upper 95%	下限 95.0%	上限 95.0%
59	Intercept	-275.8333333	112.8421	-2.444419	0.0238984	-511.2178	-40.44883	-511.2178	-40.44883
60	X Variable :	175	44.546792	3.9284535	0.0008316	82.07702	267.92298	82.07702	267.92298
61	X Variable :	19.68	1.4273522	13.787767	1.126E-11	16.702595	22.657405	16.702595	22.657405
62	X Variable :	-6.08	0.5634773	-10.79014	8.677E-10	-7.255393	-4.904607	-7.255393	-4.904607

图 3-119 拟合结果

由图 3-118 可知，回归方程为

$$Y = -275.8333 + 175X_1 + 19.68X_2 - 6.08X_1X_2$$

因为模型的效果是显著的（F 检验统计量的 P 值是 9.25881E-17），并且销售价格、广告费用、交互作用项 X_1X_2 的 t 检验统计量的 P 值都是比较小的。回归结果表明，广告费用支出和销售利润的关系还取决于销售价格。

从估计的回归方程可知：

1）当广告费用为 5 万元时，价格从 2 元提高到 3 元，导致预测销售利润减少107200 元。

2）当广告费用为 10 万元时，价格从 2 元提高到 3 元，导致预测销售利润减少411200 元。

因此公司在广告上投入越多，销售利润就会对价格越敏感。

显然，广告费用每增加 1 万元即将 $X_2 = 1$ 代入回归方程，销售利润的变化 = 19.68 - 6.08 × 价格，说明广告费用每增加 1 万元所带来的销售利润的变化取决于价格。

> ✔ **结论**：基于本任务所提供的 24 个市场的销售数据，经分析认为：产品定价高时，销售量对广告费用的敏感度减弱。

建议：随着销售价格的提高，必须投入更多的广告以使潜在客户相信产品的价值。

图表篇

在商务领域，用数据说话、用图表说话已然成为商务人士的标准做法。一位台湾商业领袖曾说过："给我 10 页纸的报告，必须有 9 页是数据和图表分析，还有 1 页是封面"。虽然有些许夸张，但却说明了数据图表的重要性。

数据图表以其形象直观的优点，能一目了然地反映数据的特点和内在规律，在较小的空间里承载较多的信息，因此有"一图纸千言"的说法。特别是在这个全民读图时代，就更加重要和受欢迎。正所谓"文不如表、表不如图"，说明能用表格反映的就不要用文字，能用图反映的就不要用表格。

通常来说，一份制作精美、外观专业的图表，至少可以起到以下 3 方面的作用：

其一、有效传递信息，促进沟通。这是我们运用图表的首要目的，揭示数据内在规律，帮助理解商业数据，利于决策分析。

其二、塑造可信度。一份粗糙的图表会让人怀疑其背后的数据是否准确，而严谨、专业的图表则会给人以信任感。

其三、传递专业、敬业、值得信赖的职业形象。专业的图表会让文档或演示文稿更引人注目，极大提升职场核心竞争力，为成功创造机会。

本篇我们选取常见商务图表案例，从图表制作思路、制作流程、制作技巧等方面加以分析，使制图更规范、更美观。

基本商务图表

Excel 的每次版本升级，都会在原有图表类型的基础上增加新的图表类型，无论哪种图表，基本类型不外乎柱形图、条形图、折线图、饼图、散点图这 5 类。在此基础上衍生出数据地图、漏斗图、旭日图、树图、双轴图、瀑布图、气泡图、词云等多达几十种图表类型，应用场景十分广泛。除了 Excel 自带的图表类型之外，在商务领域，多数情况下要根据数据的分布情况和展示需要而特别制作。本章我们重点关注在日常商务数据展示中所见到的"方形"图表，其他图表类型的制作可以参照图表专业平台如泛微移动办公云 OA（eteams）、帆软（FineReport）报表、BDP 等在线平台的图表样式进行个性化制作。

本章所有案例均有源数据供下载练习，读者可以通过下载学习通 APP 或登录学银在线（https://www.xueyinonline.com/）进行在线学习或下载课程有关数据素材。

项目 1 大差异数据商务图

【项目概述】你是工院宏大集团电子商务研究中心的工作人员，正在统计天水地区婴幼儿用品电商平台的零售额，县域之间销售额差距较大，最大可达到百倍以上，如图 4-1 所示。

【源文件】工院 SWTB－Excel 2019－Project1－大差异数据

县区	销售额	销售额
秦州	2226500	
麦积	1675555	
甘谷	1258877	
武山	1221255	
张川		17898
清水		35222
秦安		22567
新区		16854

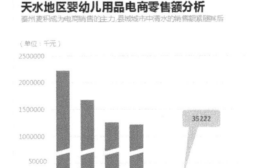

图 4-1 项目 1 基础数据及图表效果

任务1 源数据调整

【任务分析】源数据的主要特点是数据差异大，若所有数据均显示在同一坐标轴，则数据小的县域由于柱高度过低，几乎不可见，显示效果不佳，因此考虑使用"两套标准"——引入次坐标轴。此时需要将源数据进行分离，用主、次坐标轴分别控制两组数据的柱高度。

【操作要点】增加辅助列、转移数据。

【操作流程】

在源数据区【销售额】列右侧增加一列，将零售额较低的4个县区数据平移至辅助列，如图4-2所示。

城市	销售额
秦州	2226500
麦积	1675555
甘谷	1258877
武山	1221255
张川	17898
清水	35222
秦安	22567
新区	16854

→

城市	销售额	销售额
秦州	2226500	
麦积	1675555	
甘谷	1258877	
武山	1221255	
张川		17898
清水		35222
秦安		22567
新区		16954

图4-2 源数据调整

任务2 插入图表

【任务分析】本项目图表的制作重点是提高数据较小的4个县区的柱高，需要将次轴最大刻度调整至主坐标轴的20%，同时隐藏次轴、统一图柱颜色；然后，在数据较大的图柱上绘制矩形条进行遮盖（表示数据省略）；最后，用文本框制作主、副标题及左下角数据来源。

【操作要点】插入次坐标轴、绘制形状、文本框应用。

【操作流程】

❶ 插入默认柱形图。选中修改后的源数据，单击【插入】菜单→【柱形图】工具，显示默认柱形图，如图4-3所示。

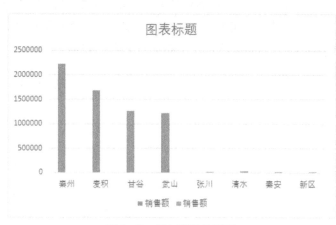

图4-3 插入默认柱形图

❷ 调整图表及绘图区结构。按【Alt】键的同时，选中图表控制点进行吸附式拖动，使图表区成方形；删除【图表标题】、【图例】等元素；拖动绘图区上下边界线，使绘图区上下部留空。

❸ 调出次轴，设置次轴格式。选中图表右侧图柱，按【Ctrl+1】组合键调出【设置数

据系列格式】，选择【次坐标轴】；选中次坐标轴→【设置坐标轴格式】面板→【坐标轴选项】，修改边界最大值为 300000，如图 4 - 4 所示。

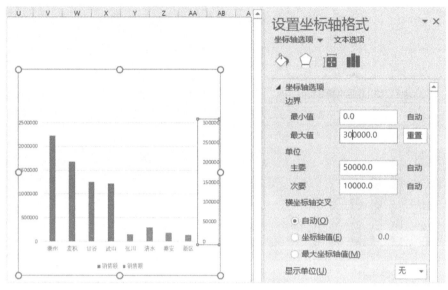

图 4 - 4　设置次坐标轴格式

④ 隐藏次坐标轴。【标签】→【标签位置】，选择【无】，如图 4 - 5 所示。

⑤ 调置图柱颜色。分别选中两组图柱，填充【灰色 -25％，背景 2，深色 50％】，将【清水】图柱填充为橙色。

图 4 - 5　设置标签位置

⑥ 遮盖主轴最小刻度值。选中图表区，插入【文本框】并输入"50000"，设置为【无轮廓/白色填充】，调整文本框中数字格式，使之与默认轴刻度值样式一致，移动文本框至原坐标轴"500000"处，使之完全被遮盖。

⑦ 制作主/副标题。在图表区插入【文本框】，输入"天水地区婴幼儿用品电商零售额分析"；分别选中两组图柱，文本格式为【雅黑/加粗/16】，置于图表区左上方；再次插入（或复制）两个【文本框】，格式分别为【雅黑/10】和【雅黑/9】效果如图 4 -6 所示。

⑧ 调整柱间距。双击图柱→【设置数据系列格式】面板→【系列选项】，设置两组图柱的分类间距为"80％"，如图 4 -7 所示。

⑨ 制作数据省略标注线。在图表区单击【插入】菜单→【形状】→【矩形】，格式设置为【无轮廓/白色填充/ -15°】；选中矩形条，按【Ctrl +Shift】组合键，再用鼠标拖动复制至其他图柱。

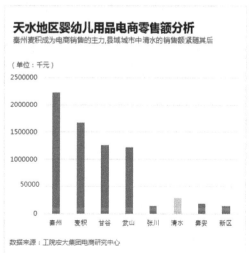

图 4 - 6　主/副标题制作

⑩ 添加标注。单击【插入】菜单→【形状】→【圆角矩形标注】，格式设置为【无轮廓/橙色填充】，调整至【清水】图柱上方，如图4-8所示。

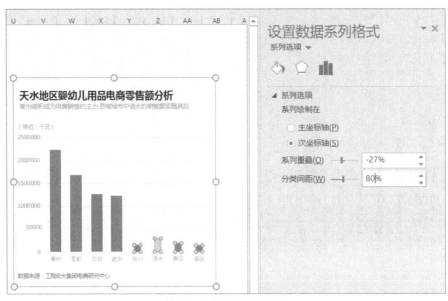

图4-7　调整柱间距

【总结提高】

❶ 调整图表、文本框等形状的大小时按【Alt】键配合，可使调整对象边界与单元格边界吸附，快速实现完全对齐的效果。

❷ 商务柱形图的柱间距通常较小，可通过【分类间距】调整至80%以下。

❸ 柱间数据差异巨大时，可应用"数据省略线"表示中间数据。

❹ 为突出商务风格，配色不宜过多，合理应用灰调（包括深灰、中灰、浅灰等）。

❺ 图表元素宜少不宜多，整体搭配应简洁、明快，还应恰当地表现结论性数据信息。

天水地区婴幼儿用品电商零售额分析
麦积城成为电商销售的主力，县城城市中清水的销售额紧随其后

图4-8　省略线及图柱标注

项目2　"山形"折线面积组合商务图

【项目概述】你是工院宏大集团进出口管理部门的工作人员，正在统计2009～2019年集团产品出口额，以图表形式进行展示。基础数及图表效果如图4-9所示。

【源文件】工院-SWTB-Excel 2019-Project2-山形折线面积组合图

年份	出口额(亿)	辅助列
2019年	32	32
2018年	55	55
2017年	60	60
2016年	73	73
2015年	82	82
2014年	76	76
2013年	65	65
2012年	54	54
2011年	45	45
2010年	38	38
2009年	31	31

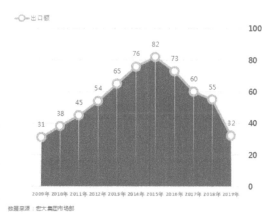

图 4-9　项目 2 基础数据及图表效果

源数据调整

【任务分析】本项目图例是折线面积的组合图，需要两组数据支撑，且折线图与面积图完全重合，即数据大小是一致的。所以需要复制出两组相同数据，然后对折线图、面积图进行单独调整和美化。

【操作要点】增加辅助列、复制数据。

【操作流程】

在源数据区【出口额】列右侧复制一列相同数据，分别作为折线图与面积图的源数据，如图4-10所示。

年份	出口额(亿)
2019年	32
2018年	55
2017年	60
2016年	73
2015年	82
2014年	76
2013年	65
2012年	54
2011年	45
2010年	38
2009年	31

年份	出口额(亿)	辅助列
2019年	32	32
2018年	55	55
2017年	60	60
2016年	73	73
2015年	82	82
2014年	76	76
2013年	65	65
2012年	54	54
2011年	45	45
2010年	38	38
2009年	31	31

图 4-10　增加辅助列

插入组合图

【任务分析】本项目图表的制作重点是折线图与面积图的组合（Excel 2016 新增了组合图功能）。为达到最终的显示效果，需要对坐标轴、折线标记、垂直线进行全面设置。

【操作要点】组合图、坐标轴逆序。

【操作流程】

❶ 插入组合图。选中数据区，单击【插入】菜单→【组合图】工具，如图4-11所示。

图 4-11　图表功能区

❷ 选择【插入图表】→【所有图表】→【组合】，分别为两组数据设置图表类型为【带数据标记的折线图】和【面积图】，如图 4-12 所示。

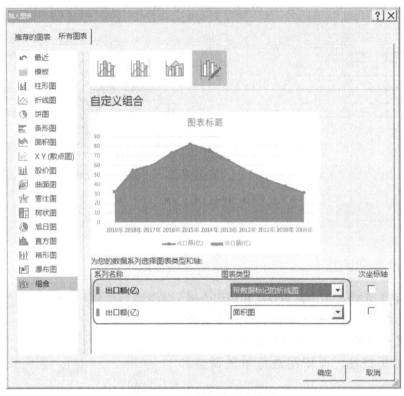

图 4-12　设置组合图表类型

❸ 设置横坐标轴逆序。将图表大小调至方形，绘图区上下留空。双击横坐标轴（或选中后按【Ctrl +1】组合键）→【设置坐标轴格式】面板→【坐标轴选项】，勾选【逆序类别】复选框，如图 4-13 所示。

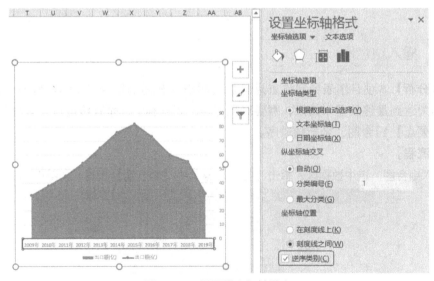

图 4-13　设置横坐标轴逆序

④ 调整纵坐标轴刻度单位。选中纵坐标轴→【设置坐标轴格式】面板→【坐标轴选项】，修改主要刻度单位为"20"，如图 4 - 14 所示。同时设置刻度值字体为"雅黑"，删除绘图下方系列图例 1 个，将另一个移动至绘图区左上角。

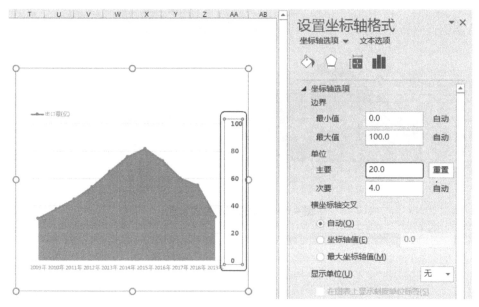

图 4 - 14　设置纵坐标轴格式

任务 3　图表美化

【**任务分析**】本项目图例美化主要包括背景、主/副标题、折线、折点、数据标记以及垂直线的制作。各部位美化工作整体上达到简洁、突出、协调即可。

【**操作要点**】数据系列格式、添加图表元素功能。

【**操作流程**】

❶ 美化背景。选中面积图→【设置数据系列格式】面板，填充选项设置为【纯色，自定义颜色（RGB 值为 125/125/125）】。

❷ 美化折线。选中折线→【设置数据系列格式】面板→【系列选项】，填充选项设置如图 4 - 15 所示。

线条：实线/橙色/3 磅。

标记：内置圆形/12 号，白色填充，橙色边框/3 磅。

❸ 添加垂直线。选中折线，单击【设计】菜单→【添加图表元素】→【线条】→【垂直线】。选中垂直线→【设置垂直线格式】面板→【垂直线选项】，选择线条为【渐变线】，【渐变光圈】起点设置为白色，终点为中性灰（即 RGB 为 125/125/125），同时拖拽移除其余渐变滑块，如图 4 - 16 所示。

❹ 主/副标题制作。参照项目 1，插入【文本框】制作主副标题及数据说明区，如图 4 - 17 所示。

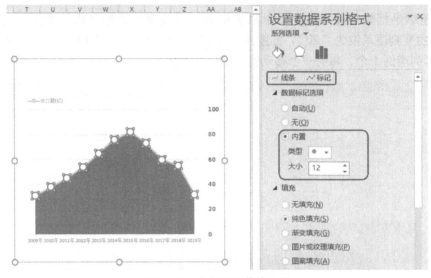

图4-15 数据系列格式设置

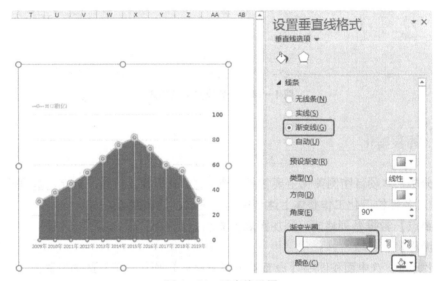

图4-16 垂直线设置

【总结提高】

❶ 本项目图例首先设置了坐标轴逆序效果，视觉上易误认为是次坐标轴。事实上，设置"逆序"之前需要对源数据区按"倒序"排列，再经"逆序"设置后变为"顺序"。

❷ 本项目图例所用字体均为"微软雅黑"，通过大小、粗细、浓淡来表现字符的立体感。

❸ 折线面积组合图重在组合效果，其表现形式多样，主要体现在折线、折线标记、视觉辅助线、背景等多个部分的样式设置上。制作者应通

工院宏大集团近十年产品出口额走势图
2015年公司出口额达到峰值82亿元

图4-17 主/副标题设置

过阅读优秀图表以激发制作灵感、提高配色水平，注重对细节的把握，培养良好的制图习惯。

项目3 收入利润分析堆积瀑布图

【项目概述】你是工院宏大集团财务工作人员，正在统计 2019 年集团销售收入数据，以图表形式进行展示总收入及支出项目分布情况。基础数据及图表效果如图 4－18 所示。

【源文件】工院－SWTB－Excel 2019－Project3－收入利润分析堆积瀑布图

项目	辅助列	金额(万元)
产品销售收入		1700.00
销售费用	1548.44	151.56
销售成本	968.44	580.00
增值税	748.44	220.00
城建税	653.44	95.00
教育附加费	558.44	95.00
其他附加税费	517.44	41.00
产品销售利润		517.44

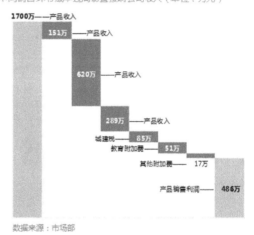

图 4－18 项目 3 基础数据及图表效果

任务 1 源数据调整

【任务分析】本项目图例外观是瀑布图，而实际上是对堆积柱形图的一种改造。图中灰色部分是支出项目，灰色下部的白色部分是从总收入中对支出项目进行"累计递减"后形成的"余部"。对于"余部"，需要在源数据"左侧"增加辅助列（因堆积柱形图是从左往右堆，要形成白下灰上，则要将白柱对应数据置于左侧，灰色柱数据置于右侧）。

【操作要点】增加辅助列、填充数据（累计递减）。

【操作流程】

❶ 在源数据区【金额】列左侧增加辅助列，如图 4－19 所示。

❷ 辅助列计算公式。辅助列中每个数值均为总收入减去支出累计所剩，公式为"＝＄D＄5－SUM(＄D＄6:D6)"，此处用了绝对引用，即被减数不变，减数是累计和。

项目	金额(万元)
产品销售收入	1700.00
销售费用	151.56
销售成本	580.00
增值税	220.00
城建税	95.00
教育附加费	95.00
其它附加税费	41.00
产品销售利润	517.44

项目	辅助列	金额(万元)
产品销售收入		1700.00
销售费用	1548.44	151.56
销售成本	968.44	580.00
增值税	748.44	220.00
城建税	653.44	95.00
教育附加费	558.44	95.00
其它附加税费	517.44	41.00
产品销售利润		517.44

图 4－19 增加辅助列

任务2 插入堆积柱形图

【任务分析】如任务1分析，本项目图例采用堆积柱形图制作而成，选中数据后直接插入即可，主要工作在于后期的美化与修饰。

【操作要点】堆积柱形图。

【操作流程】

❶ 插入堆积柱形图。选中数据区，单击【插入】菜单→【堆积柱形图】工具，如图4-20所示。

❷ 图表吸附。按【Alt】键，并同时用鼠标对图表区及绘图区进行吸附拖动，使之成方形，并删除参考线、横轴、纵轴，拖拽绘图区使上下留空，如图4-21所示。

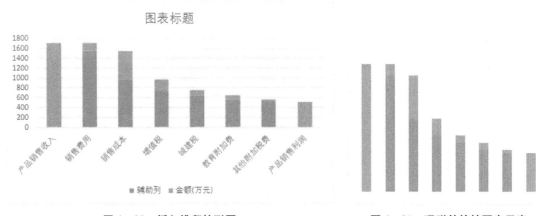

图4-20 插入堆积柱形图   图4-21 吸附并简精图表元素

任务3 图表美化

【任务分析】在本项目图例中，图表美化发挥了重要作用。本任务将从图柱颜色、分类间距两个方面进行修饰。

【操作要点】分类间距。

【操作流程】

❶ 设置图柱间距。选中橙色柱→【设置数据系列格式】面板→【系列选项】（或按【Ctrl+1】组合键），设置分类间距为"0%"，如图4-22所示。

❷ 设置图柱颜色。选中橙色柱（即辅助列数据柱）→【设置数据系列格式】面板→【系列选项】，在【填充】选项中选择无填充；同理，填充橙色柱为灰色（RGB色值为125/125/125），如图4-23所示。

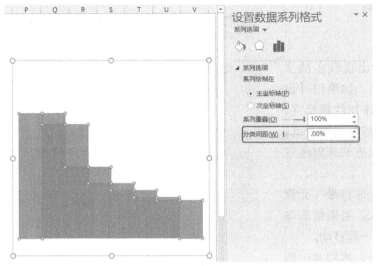

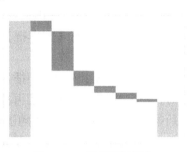

图 4 - 22　设置图柱间距　　　　　　　　　　图 4 - 23　设置图柱颜色

任务 4　制作数据标签

【**任务分析**】在本项目图例中，每个图柱周边都有数据标注，为便于编辑，可以用插入文本框实现。设置适当的字体、颜色、位置即可。

【**操作要点**】插入文本框。

【**操作流程**】

① 插入文本框。选中图表中的【格式】菜单→【绘制横排文本框】工具（或单击【插入】菜单→【绘制横排文本框】工具）。

② 复制调整。设置文本格式为"雅黑、8 号"，其中灰柱区数据字体为白色。对文本框依次复制完成对所有收入图柱的数据标注，如图 4 - 24 和图 4 - 25 所示。

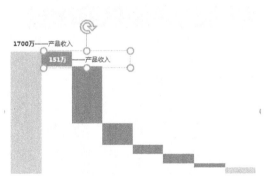

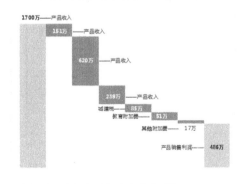

图 4 - 24　插入文本框　　　　　　　　　图 4 - 25　标注完成

③ 制作主/副标题。如之前项目，插入文本框，设置适当的字体、粗细、位置、颜色、大小等，如图 4 - 26 所示。本图例具体设置如下：

主标题：雅黑/16 号/黑色。

副标题：雅黑/10.5 号/中灰。

题注：雅黑/9 号/浅灰。

【总结提高】

❶ 虽然商务图表中应避免出现较多的文字，但本项目图例是堆积柱形图，如果用【设计】菜单→【添加图表元素】添加数据标注，"锥形指引线"的出现则会使图表显得很凌乱，故本项目采用插入【文本框】的方式来对图柱进行标注，简单有效。

❷ 在图表制作中，要插入"非自带"元素时，一定要先选中图表区再插入，合则图表与所插元素是分离的，不能随图表一起移动。

❸ 为避免视觉效果过于单一，本项目图例主要图柱用深、中、浅灰，而【总收入】与

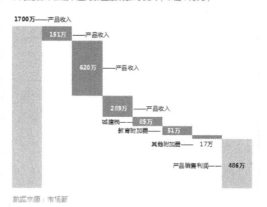

图 4-26　制作主/副标题

【总利润】图柱用橙色填充，使图表整体上配色相对均衡。需特别说明的是，图表设计时一般忌用大量浓重的色调，否则会影响商务图表相对淡雅、清爽的阅读体验。

项目4　总分比例复合堆积图

【项目概述】你是工院宏大集团财务工作人员，正在分析 2019 年产品供应与需求之间的变化，以图表形式展示总量、供应及需求三者的数量关系。基础数据及图表效果如图 4-27 所示。

【源文件】工院-SWTB-Excel 2019-Project4-总分比例复合堆积图

月份	供应	需求	总量	辅助列
6月	11200	1000	12200	12200
7月	8750	2000.00	10750	10750
8月	7350	2500.00	9850	9850
9月	6700	4000.00	10700	10700
10月	6350	3600.00	9950	9950
11月	3700	4300.00	8000	8000
12月	3200	3700	6900	6900

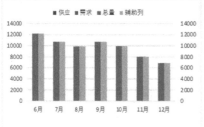

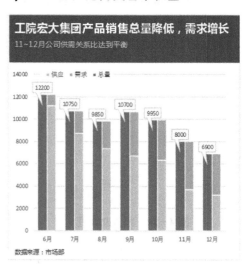

图 4-27　项目4基础数据及图表效果

【任务分析】本项目图例是堆积柱形图与簇状柱形图的复合效果。其中，堆积柱形图在主轴，簇状柱形图在次轴，且堆积柱形图的背后是辅助列（无色填充），辅助列在本项目中的作用主要是为堆积图 "占空位"。因此，本例要用到 4 列数据，需将源数据向右拓展出两列：总量和辅助列。

需要特别说明的是，本项目图例将主/次轴的本质、堆积柱形图的堆积顺序体现得非常具体，其中供应、需求、总量、辅助列的列顺序非常重要。

【操作要点】添加总量和辅助列。

【操作流程】

在源数据区右侧增加两列，分别为总量和辅助列，值为供应与需求之和，如图 4 - 28 所示。

月份	供应	需求
6月	11200	1000
7月	8750	2000.00
8月	7350	2500.00
9月	6700	4000.00
10月	6350	3600.00
11月	3700	4300.00
12月	3200	3700

月份	供应	需求	总量	辅助列
6月	11200	1000	12200	12200
7月	8750	2000.00	10750	10750
8月	7350	2500.00	9850	9850
9月	6700	4000.00	10700	10700
10月	6350	3600.00	9950	9950
11月	3700	4300.00	8000	8000
12月	3200	3700	6900	6900

图 4 - 28　添加总量和辅助列

【任务分析】在本项目图例中，首先需要生成堆积柱形图，然后更改总量与辅助列为次坐标轴，并设置辅助列为无色填充即可看到效果雏形。

【操作要点】堆积柱形图、次坐标轴、选择系列。

【操作流程】

❶ 插入堆积柱形图。选中源数据区→【插入】菜单→【堆积柱形图】工具，效果如图 4 - 29 所示。

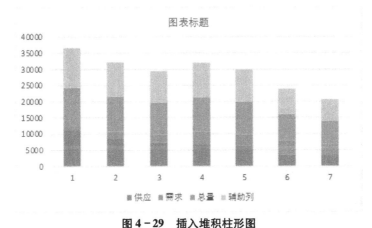

图 4 - 29　插入堆积柱形图

❷ 调整图表。按【Alt】键的同时用鼠标对图表区及绘图区进行吸附式拖动，使之成方形，并删除图表标题，拖拽绘图区使上下留空。

❸ 设置次坐标轴。选中辅助列柱，按【Ctrl +1】组合键→【设置数据系列格式】面板→【系列选项】，选中"次坐标轴"单选按钮；或选择【格式】菜单→【当前所选内容】功能区→【系列"总量"】→【设置数据系列格式】面板，选中"次坐标轴"单选按钮，如图4 - 30 所示。

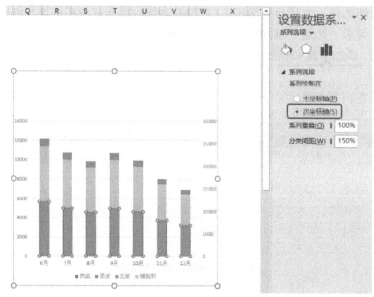

图4 - 30 设置次坐标轴

❹ 更改图表类型。选中辅助列柱→【设计】菜单→【更改图表类型】，将【总量】、【辅助列】均设置为【簇状柱形图】，如图4 - 31 和图4 - 32 所示。

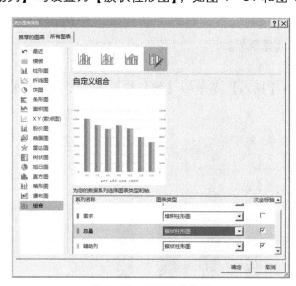

图4 - 31 更改图表类型

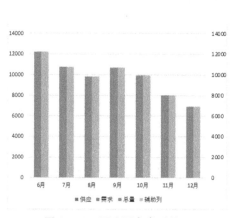

图4 - 32 更改图表类型效果

❺ 隐藏辅助列柱。选中辅助列柱，在【设置数据系列格式】面板中设置【无色填充】。

任务3　图表美化

【任务分析】任务 2 是效果雏形。本任务将从轴间距、边框、填充色等几方面对图表进行适当的美化。

【操作要点】分类间距、系列边框、系列填充。

【操作流程】

❶ 设置轴间距与配色。选中"总量"图柱→【设置数据系列格式】→【系列选项】，更改【分类间距】值为 80%、填充深灰色（RGB 为 160/160/160）、白色实线边框（1 磅）；依次对供应柱和需求柱做如下设置。

供应柱：间距（60%）/浅灰（RGB 为 200/200/200）/白色实线边框（1 磅）。

需求柱：间距（60%）/橙色/白色实线边框（1 磅）。

调整间距与配色后的效果如图 4-33 所示。

❷ 调整图例。选中绘图区下方的图例，设置为"白色"填充，置于最顶端参考线适当位置。删除次坐标轴，微调绘图区左右边界。效果如图 4-34 所示。

❸ 制作主/副标题。参照之前的项目中主/副标题的制作方法，在选中图表区的前提下，插入【文本框】完成主/副标题及数据说明区的制作。需要特别说明的是，本任务需将主、

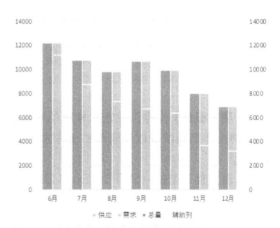

图 4-33　调整间距与配色

副标题填充为深灰（RGB 为 80/80/80）以强化商务风格，并且在文本框制作时要配合【Alt】键对其进行吸附式调整，才能使最终填充区与图表区完全贴合。最终效果如图 4-35 所示。

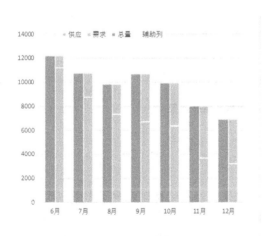

图 4-34　调整图例

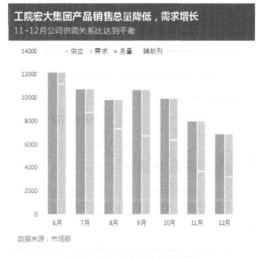

图 4-35　制作主/副标题

【总结提高】

❶ 在双轴图表中，同一轴中的不同系列的图表类型是一致的；次坐标轴的图形会在顶层显示，即遮住主坐标轴的图形，这一基本原理在我们分析及制作图表时要认真体会。

❷ 柱形图的排列方向与数据列的顺序是相同的，都是从左向右；堆积柱形图的堆积方向一般按照数据区自左向右的顺序，图柱自下往上堆积。

❸ 在应用了次坐标轴的情况下，一部分图形会被遮起来而无法直接用鼠标进行选择，此时可在【格式】菜单下【当前所选系列】功能组中进行选择。

❹ 为系列图表添加【数据标签】是 Excel 2016 的新增功能，可以在系列图表的不同位置添加数据标注，而商务图表通常在图形上方添加。

❺ 图表制作过程中要反复应用【设置数据系列格式】面板，其功能丰富，合理应用这一功能面板会给图表"增色"不少。相应地，系统自带的图表样式很少被直接应用。

项目5　分季度双轴柱形图

【项目概述】 你是工院宏大集团的财务工作人员，正在统计 2019 年各季度集团销售数据，计划对全年销售情况以图表形式分季度、按月份进行展示。基础数据及图表效果如图 4–36 所示。

【源文件】 工院–SWTB–Excel 2019–Project5–分季度双轴柱形图

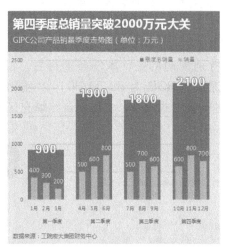

图 4–36　项目 5 基础数据及图表效果

任务 1　改造数据区

【任务分析】 本项目图例具有明显的图表重叠效果，是次坐标轴发挥了作用，而且季度总销量图柱"极宽"，是分类间距为 0 的效果；每季度之间有"缝隙"，是源数据为空的表现。综合分析来看，源数据区要添加季度总销量辅助列和多个空数据行，用以"占位"。

【操作要点】SUM 函数、循环运算。

【操作流程】

在源数据区右侧增加【季度总销量】列，根据每个月数据求和；或在 1、4、7、10 月对应的季度总销量单元格求季度和，再定位（按【Ctrl + G】组合键）空行，输入公式"＝1月对应季度和"，即循环运算，也可直接逐个计算均可；再在每个季度下方插入空行。效果如图 4 - 37 所示。

季度	月份	销量
第一季度	1月	400
	2月	300
	3月	200
第二季度	4月	500
	5月	600
	6月	800
第三季度	7月	500
	8月	700
	9月	600
第四季度	10月	600
	11月	800
	12月	700

季度	月份	销量	季度总销量
第一季度	1月	400	900
	2月	300	900
	3月	200	900
第二季度	4月	500	1900
	5月	600	1900
	6月	800	1900
第三季度	7月	500	1800
	8月	700	1800
	9月	600	1800
第四季度	10月	600	2100
	11月	800	2100
	12月	700	2100

图 4 - 37　调整源数据区

任务2　插入图表

【任务分析】经任务 1 分析，本项目图例需插入柱形图，然后双轴显示，再调整季度总销量的间距，便可以看到图表效果雏形，后期再做一些美化即可。

【操作要点】簇状柱形图、次坐标轴。

【操作流程】

❶ 插入簇状柱形图。选中源数据区→【插入】→【簇状柱形图】工具，效果如图 4 - 38 所示。

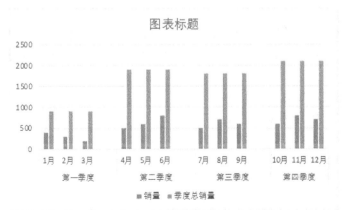

图 4 - 38　插入簇状柱形图

❷ 调整图表。按【Alt】键的同时用鼠标对图表区及绘图区进行吸附式拖动，使之成方形，并删除图表标题，拖拽绘图区使上下留空。

❸ 设置次坐标轴。选中"销量"列图柱，按【Ctrl +1】组合键→【设置数据系列格式】面板→【系列选项】，选中"次坐标轴"单选按钮，如图 4 - 39 所示。

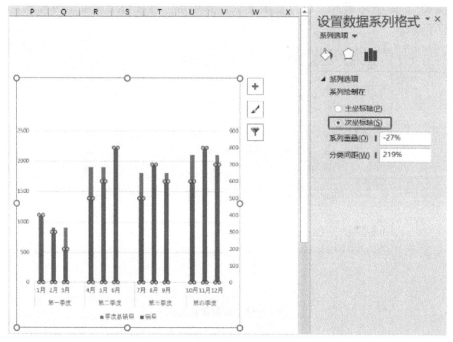

图 4 - 39   设置次坐标轴

❹ 调整次轴刻度。选中次坐标轴→【坐标轴选项】面板，修改边界最大值为"2500"。

任务3   图表美化

【任务分析】本任务将从轴间距、填充色、插入文本框、图例修改等几方面对图表进行适当的美化。

【操作要点】分类间距、系列填充。

【操作流程】

❶ 设置轴间距。选中【销量】图柱→【设置数据系列格式】面板→【系列选项】，更改【分类间距】值为"80%"；选中【季度总销量】图柱，更改【分类间距】值为"0%"，如图 4 - 40 所示。

❷ 配置颜色。设置如图 4 - 41 所示。

销量：绿色/个性色6/淡色40%。

季度总销量：RGB（0/153/153）。

图表背景：绿色/个性色6/淡色80%。

图例：填充色与图表区背景色一致。

参考线：灰色25%/背景色/深色10%。

③ 绘制季度总销量标注。选中图表区→【插入】菜单→【文本框】工具，输入季度总销量数值，格式设置如下。

文本轮廓：深青（RGB 为 0/153/153）/1 磅。

文本填充：白色。

选中【销量】图柱，右击，添加数据标签，如图 4 - 42 所示。

④ 制作主/副标题。参照之前项目，制作主/副标题及数据说明区。最终效果如图 4 - 43 所示。

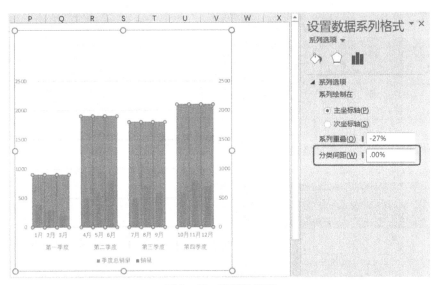

图 4 - 40　调整轴间距

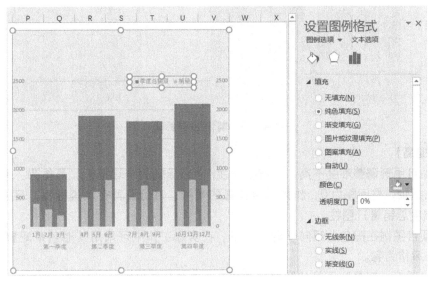

图 4 - 41　配置颜色

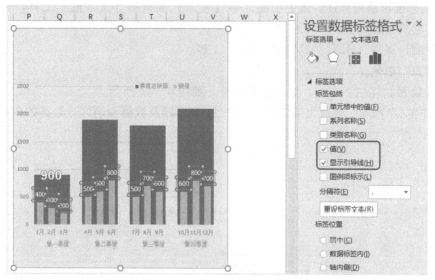

图4-42　添加数据标签

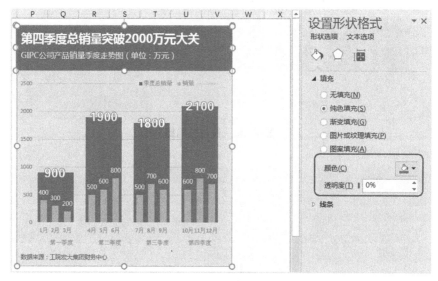

图4-43　制作主/副标题

【总结提高】

❶ 本项目图例调整难度不高，关键在于主/次坐标轴的合理搭配。具体为：季度总销量设置在主坐标轴，柱间距为0，作为月份销量的背景；月份设置在次坐标轴，目的在于遮盖主轴（即季度总销量）图柱。

❷ 本项目图例在配色上倾向于青绿色系。在实际工作中可采用其他色系配置，以清新、简约的商务风格为宜。

❸ 在"季度总销量"图柱的数据标注环节，本项目图例放弃了系统自带的标注功能，又一次运用了【文本框】工具。其灵活的设置为我们提供了更多可能性，也是商务图表个性化制作的重要手段。

项目 6 辅助参考线商务图（以均值为例）

【项目概述】你是工院宏大集团电子商务研究中心工作人员，正在统计 2018 年 iPhone 手机在中国各主要电商平台的销量，计划对全年销售情况以图表形式展示，均值突出显示。基础数据及图表效果如图 4－44 所示。

【源文件】工院－SWTB－Excel 2019－Project6－辅助参考线商务图

图 4－44　项目 6 基础数据及图表效果

任务 1　改造源数据

【任务分析】本项目图例的突出特征就是均值参考线及 "倒三角形" 数据标记。其中，均值参考线是 "折线图" 的特殊情形，在制作时需要在源数据基础上增加辅助列。

【操作要点】添加辅助列、AVERAGE 函数。

【操作流程】

在源数据区右侧增加一列，数值为各平台销量的平均值。可全选均值列空白区，输入函数 "＝AVERAGE（$C$6：$C$13）"，即对平均对象区域要进行绝对引用（或称 "锁定"），再按【Ctrl＋Enter】组合键完成数据填充。效果如图 4－45 所示。

图 4－45　添加均值辅助列

任务 2　插入图表

【任务分析】本项目的图表类型表面上看是柱形图，事实上图中浮于柱形图之上的参考线也是图表效果元素之一，它是折线图（当系列数据完全相等时）的特殊情形。任务 1 主要是为参考线做前期数据准备。图表设置方面主要涉及设置次坐标轴、更改图表类型、添加图表元素、制作主/副标题及题注区、制作均值数据标记、图表配色与美化等。

【操作要点】组合图、图表间距、添加图表元素。

【操作流程】

❶ 插入图表。选中源数据（不含合计行）→【插入】菜单→【簇状柱形图】工具，效果如图4-46所示。

❷ 调整图表。按【Alt】键的同时用鼠标对图表区及绘图区进行吸附式拖动，使之成方形，并删除图表标题，拖拽绘图区使上下留空。

❸ 设置次坐标轴。选中【销量】列图柱，按【Ctrl+1】组合键→【设置数据系列格式】面板→【系列选项】，选中"次坐标轴"单选按钮；再次对【均值】列进行相同操作。效果如图4-47所示。

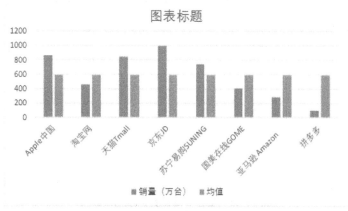

图4-46　插入柱形图

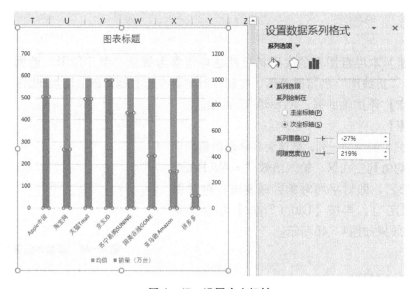

图4-47　设置次坐标轴

❹ 更改图表类型。选中【均值】图柱，右击，在弹出的菜单中选择【更改系列图表类型】命令。在弹出的对话框中，将【均值】的图表类型修改为【折线图】，如图4-48所示。

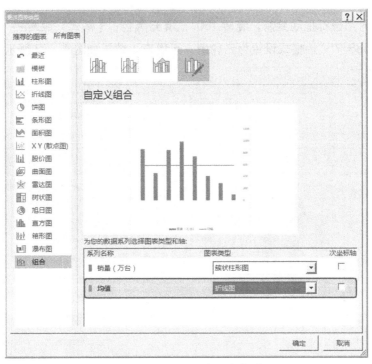

图 4 - 48　更改均值图表类型

⑤ 添加图表元素。选中图表区→【设计】菜单→【添加图表元素】→【坐标轴】→【主要横坐标轴】，此时出现横轴各系列名称；【添加图表元素】→【网格线】→【主轴主要水平网格线】，此时出现灰色横向网格线；将图例移动至网格线最上端，并以白色填充；选中次坐标轴，设置刻度值数字加粗、增大字号。效果如图 4 - 49 所示。

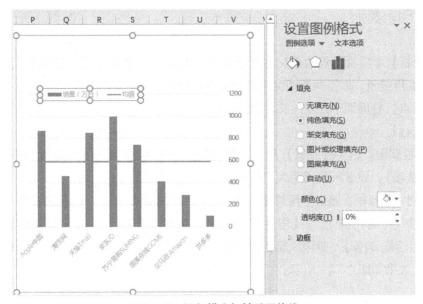

图 4 - 49　添加横坐标轴及网格线

⑥ 绘制均值标记。选中图表区→【插入】菜单→【形状】→【等腰三角形】，按【Shift】键的同时用鼠标拖动绘制，旋转180°，填充黑色；【格式】菜单→【插入】→【文本框】，输入"588.75"，格式设置为无轮廓、无填充。效果如图4-50所示。

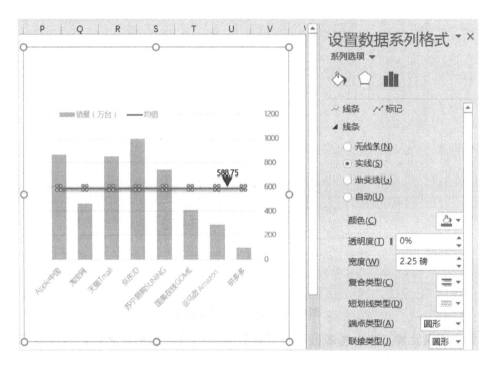

图4-50　设置辅助线及均值标记

任务3　图表美化

【任务分析】本项目图表的美化主要涉及绘制文本框、图表配色、数据标记制作几个方面。配色主要用纯色，以不同透明度来表现图表的层次感。

【操作要点】柱间距、形状、文本框。

【操作流程】

❶ 调整柱间距。选中【销量】图柱，按【Ctrl+1】组合键→【设置数据系列格式】面板→【系列选项】，设置系列间距为"80%"。

❷ 制作主/副标题、题注。同前面的项目，利用文本框制作主、副标题及题注部分。

❸ 配置颜色。图柱配色为【橙色/深色25%/透明度60%】；主/副标题配色为【橙色/深色25%/透明度20%】；参考线配色为【橙色/深色25%/透明度20%】；阴影样式为【右下斜偏移】。效果如图4-51所示。

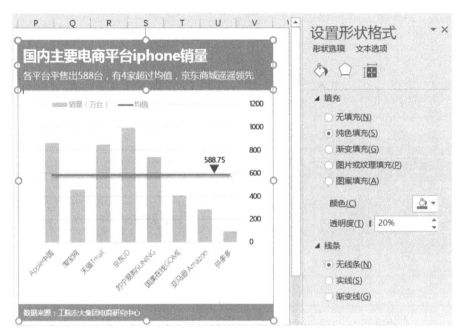

图 4-51   制作主/副标题、题注及配置颜色

【总结提高】

❶ 本项目图例在制作中用了组合图（柱形图＋折线图），其中对折线图的源数据修改后成为参考线；然后用"文本框＋形状"组合制作了均值标记，给参考线添加阴影样式营造出立体感。整体难度适中，展示效果较为理想。

❷ 在配色方面，本项目图例选用了橙色系，再利用不同的透明度来表现各区域的层次调整。没有选择更多的颜色系列，从色调上保证了商务图表一定的简洁性。读者可以尝试其他的配色风格，或直接学习《经济学人》《华尔街日报》《商业周刊》等图表领域的专业刊物，借鉴其在统计图表配色方面的做法。

MOS 实战篇

  Microsoft Office Specialist（MOS）中文称之为"微软办公软件国际认证"，是微软被全球大多数国家所认可的 Office 软件国际性专业认证，全球有 168 个国家和地区认可，至 2018 年 4 月初全球已经有将近 2100 万人次参加考试，可使用英文、日文、德文、法文、阿拉伯文、拉丁文、韩文、泰文、意大利文、芬兰文等 24 种语言进行考试。在我国，MOS 认证受到金融、咨询、事务所、医药、电子电信、机械制造、物流、传媒、汽车制造、石油化工、教育服务、酒店、航空等众多领域 1000 多家企业的认可，是人员入职及员工晋升的参考标准之一。

  MOS 认证是微软官方唯一全球性认证考试，是 Office 应用领域含金量最高的证书。

  本篇将从实战的角度，分别给出 Microsoft Office Excel 2016 Core（MOS 专业级）和 Microsoft Office Excel 2016 Expert（MOS 专家级）两个级别的实战案例。较为全面地介绍 MOS 认证的题型、难度、考查方向、解题思路以及常用技巧。

第5章 05 MOS Excel 2016 Core

MOS Excel 2016 Core 每次考试约包含 7 个项目，项目从题库中随机抽取，每个项目包含4 ~7 个任务，每个任务包含若干考点。为尽可能地模拟考试情景，本章所有试题均以项目的形式进行讲解。

本章所有案例均有源数据供下载练习，读者可以通过下载学习通 APP 或登录学银在线（https://www.xueyinonline.com/）进行在线学习或下载课程有关数据素材。

项目1　工院零食店

【项目概述】你有一个卖小零食的工院淘宝店，你需要为工作表设置格式并用不同的格式保存工作簿，如图 5 - 1 所示。

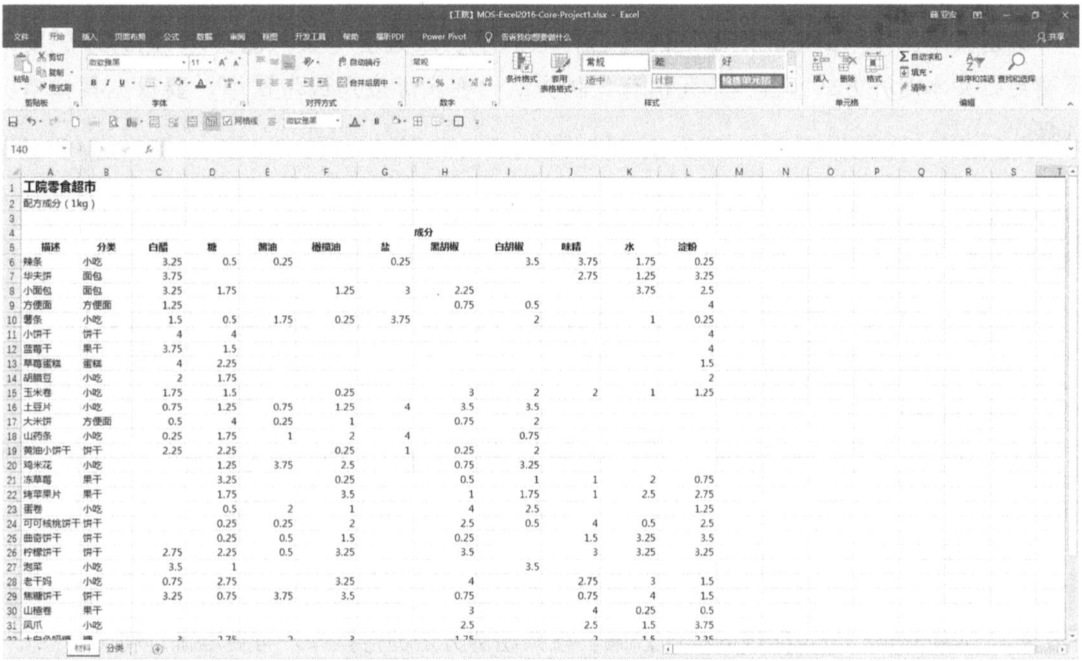

工院零食超市

配方成分（1kg）

描述	分类	白醋	糖	酱油	橄榄油	盐	黑胡椒	白胡椒	味精	水	淀粉
辣条	小吃	3.25	0.5	0.25		0.25		3.5	3.75	1.75	0.25
华夫饼	面包	3.75							2.75	1.25	3.25
小面包	面包	3.25	1.75		1.25	3	2.25			3.75	2.5
方便面	方便面	1.25					0.75	0.5			4
薯条	小吃	1.5	0.5	1.75	0.25	3.75		2		1	0.25
小饼干	饼干	4	4								4
蓝莓干	果干	3.75	1.5								4
草莓蛋糕	蛋糕	4	2.25								1.5
胡腊豆	小吃	2	1.75								2
玉米卷	小吃	1.75	1.5		0.25		3	2	2	1	1.25
土豆片	小吃	0.75	1.25	0.75	1.25	4	3.5	3.5			
大米饼	方便面	0.5	4	0.25	1		0.75	2			
山药条	小吃	0.25	1.75	1	2	4		0.75			
黄油小饼干	饼干	2.25	2.25		0.25	1	0.25	2			
鸡米花	小吃		1.25	3.75	2.5		0.75	3.25			
冻草莓	果干		3.25		0.25		0.5	1	1	2	0.75
烤苹果片	果干		1.75		3.5		1	1.75	1	2.5	2.75
蛋卷	小吃		0.5	2	1		4	2.5			1.25
可可核桃饼干	饼干		0.25	0.25	2		2.5	0.5	4	0.5	2.5
曲奇饼干	饼干		0.25	0.5	1.5		0.25		1.5	3.25	3.5
柠檬饼干	饼干	2.75	2.25	0.5	3.25		3.5		3	3.25	3.25
泡菜	小吃	3.5	1					3.5			
老干妈	小吃	0.75	2.75		3.25		4		2.75	3	1.5
焦糖饼干	饼干	3.25	0.75	3.75	3.5		0.75		0.75	4	1.5
山楂卷	果干						3		4	0.25	0.5
凤爪	小吃						2.5		2.5	1.5	3.75

图 5 - 1　项目 1 基础数据

【源文件】工院 MOS - Excel 2016 - Core - Project1

任务1 合并单元格

【任务描述】在【材料】工作表中，将单元格区域 A1:L1 修改为一个单元格，但不要更改文本的对齐方式。

【考　点】合并单元格。

【操作流程】

选中 A1:L1 单元格→【开始】菜单→【合并后居中】右侧的下拉按钮→【合并单元格】选项，如图 5-2 所示。

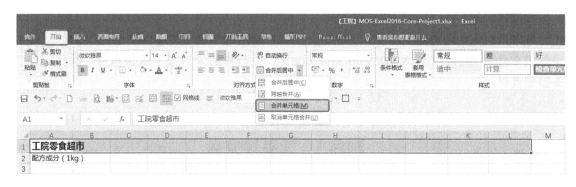

图 5-2　合并单元格

【分析拓展】

本题极易出错，如果应用默认的【合并后居中】工具便"误入圈套"。因为原题要求不要更改文本对齐方式。合并单元格有 3 种方式，在实际应用或考试中，要根据具体情况选择。

任务2 调整列宽

【任务描述】在【材料】工作表中，调整 A:L 的列宽，使其自动匹配最大的条目。

【考　点】自动调整列宽。

【操作流程】

选中 A:L 列→【开始】菜单→【格式】下拉按钮→【自动调整列宽】选项，如图5-3所示。

【分析拓展】

当列宽不足以放下内容，导致内容显示不全时，全选所有要设置的列之后，在其中一列的列标边沿处双击，也可实现同样的效果。按照题例方法进行操作，可更准确地得分。

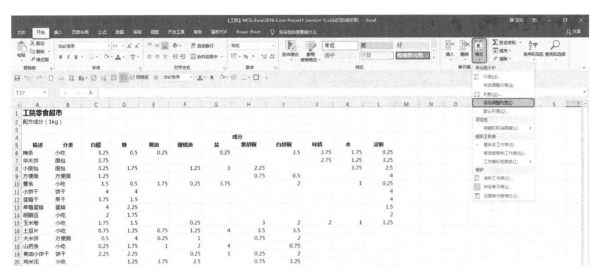

图 5-3　自动调整列宽

任务3　插入页眉

【任务描述】在【材料】工作表中，在每页的右边插入页眉"工院 Excel Home"。

【考　　点】自定义页眉。

【操作流程】

❶【页面布局】菜单→【页面设置】功能组展开按钮，如图 5-4 所示。

❷【页面设置】对话框→【页眉/页脚】选项卡→【自定义页眉】按钮，如图 5-5 所示。

图 5-4　【页面布局】菜单　　　　　图 5-5　【页面设置】对话框

❸ 打开【页眉】对话框，在【右部】文本框中输入"工院 Excel Home"，单击【确定】按钮，如图 5-6 所示。

❹ 返回【页面设置】对话框，单击【确定】按钮。

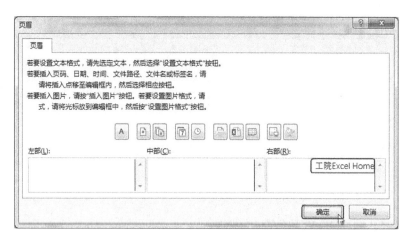

图 5-6　【页眉】对话框

【分析拓展】

Excel 的页眉/页脚根据文本所在位置分为左部、中部、右部，可以在不同位置设置不同的内容。其中，要特别注意【页面设置】对话框中的【奇偶页不同】和【首页不同】复选框，在首页不需页眉/页脚或者奇偶页页眉/页脚不同时选中。

任务4　插入超链接

【任务描述】在【材料】工作表的 A6 单元格中，创建一个链接到【分类】工作表 A26 单元格的超链接。

【考　　点】超链接。

【操作流程】

❶ 选中【材料】工作表中的 A6 单元格→【插入】菜单→【链接】工具按钮，如图 5-7 所示。

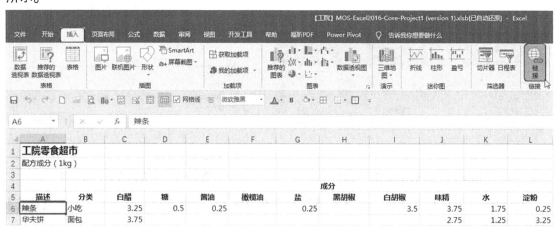

图 5-7　【链接】工具按钮

② 在【插入超链接】对话框中，切换到
【本文档中的位置】选项卡；在【或在此文档中
选择一个位置】文本框中选择【分类】选项；
在【请键入单元格引用】文本框中输入 A26；单
击【确定】按钮，如图5 -8所示。

【分析拓展】

插入超链接在 Excel 及其他 Office 系列软件
中是一个非常实用的功能，常用于链接外部网
站。以插入"甘肃工业职业技术学院"为例，
可以在对话框中切换到【现有文件或网页】选
项卡，在【地址】文本框中输入
www. gipc. edu. cn/即可。如果在单元格里不想

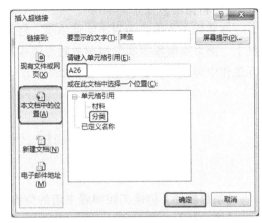

图 5 - 8　【插入超链接】对话框

显示网址，只想显示"甘肃工业职业技术学院"文本，可以修改对话框顶部的【要显示的文
字】为"甘肃工业职业技术学院"文本即可。

任务 5　打印设置

【任务描述】修改【材料】工作表的打印设置，使所有列在一张横向的纸上打印。

【考　　点】页面设置。

【操作流程】

❶【页面布局】菜单→【页面设置】功能组展开按钮，如图5 - 9 所示。

❷ 在【页面设置】对话框中的【页面】选项卡中，设置【方向】为【横向】，在【缩
放】选项区域选中【调整为】单选按钮，并修改为【1 页宽、1 页高】，最后单击【确定】
按钮，如图5 - 10 所示。

图 5 - 10　【页面设置】对话框

图 5 - 9　【页面布局】菜单

【分析拓展】

在实际工作中，为提高阅读体验，经常需要将文档限制为1页宽，所有列都显示在一张纸上，而页高度根据实际情况单独设置或自动匹配。本任务要求打印输出到一张纸上，而实际工作中可以将页高留空，让Excel自动判断生成页高。

【项目概述】你是工院博雅书店的负责人，正在更新销售工作簿，如图5-11所示。

【源文件】工院 MOS-Excel 2016-Core-Project2

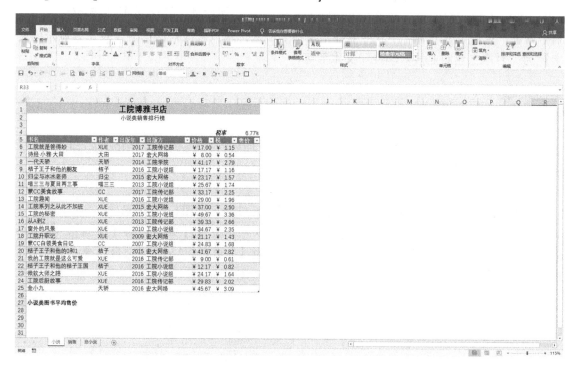

图5-11 项目2基础数据

任务1 修改文档属性

【任务描述】在文件属性中，增加单位名称"甘肃工业职业技术学院"。

【考 点】文件属性。

【操作流程】

❶ 单击【文件】菜单，如图5-12所示。

❷ 切换到【信息】选项面板，单击【属性】下拉按钮，选择【高级属性】选项，如图5-13所示。

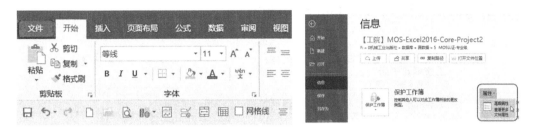

图 5 - 12　【文件】菜单　　　　　　　　　图 5 - 13　【信息】选项面板

③ 在弹出的属性对话框中切换到【摘要】选项卡，在【单位】文本框中输入【甘肃工业职业技术学院】，单击【确定】按钮，如图 5 - 14 所示。

图 5 - 14　属性对话框

【分析拓展】

【文件属性】里面包含的内容类型繁多，有特殊需求者还可以【自定义】。通常用它来给文档添加必要的内容摘要、作者版权等信息，具有追踪出处的作用。

任务 2　使用公式计算利润

【任务描述】售价 - 成本 = 利润。在【非小说】工作表中，在【利润】列增加一个公式以计算每本书的利润，但不要改变该列原有的格式设置。

【考　　点】公式。

【操作流程】

① 在【非小说】工作表的 G5 单元格中输入 " = "，单击 E5 单元格输入 " - "，再单击

F5 单元格，最后按【Enter】键，如图 5 - 15 所示。

图 5 - 15 公式输入

② 完成效果如图 5 - 16 所示。

图 5 - 16 公式完成效果

【分析拓展】

本例表格套用了表格格式，故在单元格中输入公式与显示公式不同。需特别注意的是，应用了表格格式的表格，在输入公式时大多会被冠以列名，即表示列与列之间的运算，类似于相对引用。在数据统计自动化场景中经常会出现这样的引用，需要多加体会。

任务 3　使用公式计算均价

【**任务描述**】在【非小说】工作表的 E26 单元格中，应用 Excel 函数计算 "数据分析教研组" 出版的书籍的平均售价。

【**考　　点**】AVERAGEIF 函数（即条件平均）。

【**操作流程**】

❶ 选中【非小说】工作表的 E26 单元格，单击【公式】菜单→【插入函数】工具按钮，如图 5 −17 所示。

❷ 打开【插入函数】对话框，在【搜索函数】文本框内输入 averageif，单击【转到】按钮，如图 5 −18 所示。

图 5 − 17　【插入函数】工具按钮　　　　　图 5 − 18　【插入函数】对话框

❸ 打开【函数参数】对话框，在【Range】组合框内输入【表 1［出版方］】，在【Criteria】组合框内输入【数据分析教研组】，在【Average_ range】组合框内输入【表 1［售价］】，最后单击【确定】按钮，如图 5 −19 所示。

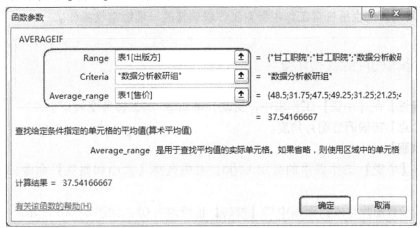

图 5 − 19　【函数参数】对话框

【分析拓展】

本任务中设置函数参数时，【表1［出版方］】和【表1［售价］】的写法与任务2相似，因为非小说类销售排行榜表也套用了表格样式，所以必须这样写。当然，用函数设置界面文本框右侧的区域选择按钮，应用区域选择法也可以达到同增的效果，即【表1［出版方］】与单元格区域D5:D24的应用效果完全相同。需特别说明的是，当对函数掌握十分熟练时，可以在E26单元格直接编写函数。通常，Excel高手都不直接选择系统弹出的提示函数。

任务4　移动工作表标签的位置

【任务描述】将【非小说】工作表标签调到【小说】工作表标签和【销售】工作表标签之间。

【考　　点】调整工作表顺序。

【操作流程】

❶ 选中【非小说】工作表标签，按住鼠标左键拖动其到【小说】工作表标签和【销售】工作表标签中间的位置，如图5－20所示。

❷ 在看到黑色实心倒三角形后即松开鼠标，如图5－21所示。

图5－20　工作表标签　　　　　　　　　　图5－21　标签调整后

【分析拓展】

本任务中所介绍的方法是一种较为快捷的方法。除此之外还有两种方法：第一种方法是选中【非小说】工作表标签，右击选择【移动或复制工作表】命令，根据提示完成调整；第二种方法是选中【非小说】工作表标签→【开始】菜单→【格式】下拉按钮→【移动或复制工作表】，按提示操作完成调整。其中，【移动或复制工作表】还可实现工作表在工作簿之间的移动或复制，这也是日常工作中针对工作表调整的一项经常性操作。

任务5　修改图片的旋转角度

【任务描述】在【小说】工作表中，更改公司Logo的旋转角度为0°。

【考　　点】精确调整图片角度。

【操作流程】

❶ 选中【小说】工作表中的公司Logo，右击选择【大小和属性】命令，如图5－22所示。

❷ 在【设置图片格式】面板中将【旋转】值修改为0°，如图5－23所示。

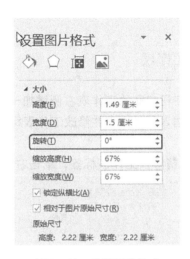

图 5 - 22　大小和属性　　　图 5 - 23　设置图片格式

【分析拓展】

调整图片的旋转角度有两种方法：第 1 种方法是选中图片后，利用自动出现的旋转标志进行手动调整，但不够精准；第 2 种方法是利用本任务方法中的【设置图片格式】面板进行精确调整。当然，通过鼠标右键法进入设置较为常用。另外，选中图片→【图片工具格式】菜单→【大小】功能组→功能组对话框启动器按钮，也可以打开【设置图片格式】面板。

项目 3　工院便利店

【项目概述】你经营着一家便利店，现正在统计分析销售数据，如图 5 - 24 所示。

【源文件】工院 MOS – Excel 2019 – Core – Project3

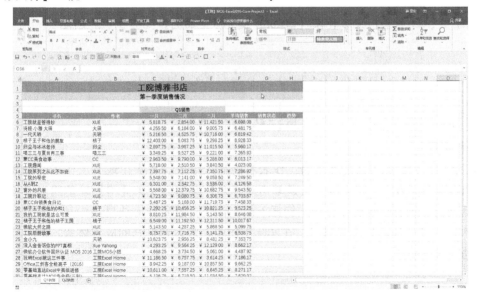

图 5 - 24　项目 3 基础数据

任务 1　增加工作表

【任务描述】在已存在的工作表右侧增加一个新的工作表，命名为"Q3 销售"。

【考　　点】插入新工作表并修改工作表标签。

【操作流程】

❶ 选择【Q2 销售】工作表标签，单击右侧的【+】按钮，如图 5-25 所示。

图 5-25　增加工作表

❷ 在新工作表标签上右击，选择【重命名】命令，如图 5-26 所示。

图 5-26　右击工作表

❸ 输入【Q3 销售】文本，按【Enter】键完成重命名，如图 5-27 所示。

图 5-27　输入新表名

【分析拓展】

本任务中所介绍的方法是在现有工作表右侧插入新表。若要在现有工作表左侧插入新工作表，有两种操作方法：第 1 种方法是单击【开始】菜单→【单元格】功能组→【插入】→【插入工作表】，即可在现有工作表左侧插入新工作表；第 2 种方法是选中某工作表，右击选择【插入】→【工作表】命令即可。在实际工作中，为达到更好的应用体验，对工作表的插入和移动通常连带进行。

任务 2　利用公式判断数据是否符合预期

【任务描述】在【Q1 销售】工作表的【销售状态】列，创建一个公式，显示“畅销书”（平均销售额≥8000 元），或者显示“低于预期”（平均销售额 <8000 元）。建议但不要求你填充整列以检查你的公式。

【考　　点】逻辑函数与比较运算符的配合运用。

【操作流程】

❶ 在【Q1 销售】工作表的 G6 单元格内输入“ =IF(”，单击 F6 单元格，再输入“>=8000,"畅销书","低于预期")”，然后按【Enter】键完成，如图 5－28 所示。

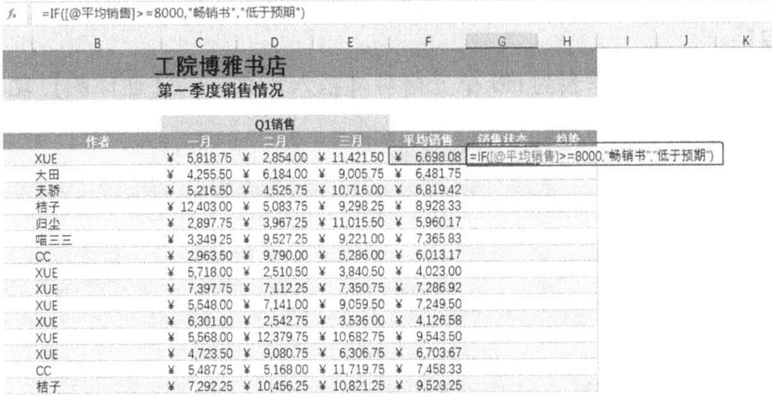

=IF([@平均销售]>=8000,"畅销书","低于预期")

工院博雅书店

第一季度销售情况

作者	一月	二月	三月	平均销售	销售状态	趋势
XUE	¥ 5,818.75	¥ 2,854.00	¥ 11,421.50	¥ 6,698.08	=IF([@平均销售]>=8000,"畅销书","低于预期")	
大田	¥ 4,255.50	¥ 6,184.00	¥ 9,005.75	¥ 6,481.75		
天骄	¥ 5,216.50	¥ 4,525.75	¥ 10,716.00	¥ 6,819.42		
桔子	¥ 12,403.00	¥ 5,083.75	¥ 9,298.25	¥ 8,928.33		
归尘	¥ 2,897.75	¥ 3,967.25	¥ 11,015.50	¥ 5,960.17		
喵三三	¥ 3,349.25	¥ 9,527.25	¥ 9,221.00	¥ 7,365.83		
CC	¥ 2,963.50	¥ 9,790.00	¥ 5,286.00	¥ 6,013.17		
XUE	¥ 5,718.00	¥ 2,510.50	¥ 3,840.50	¥ 4,023.00		
XUE	¥ 7,397.75	¥ 7,112.25	¥ 7,350.75	¥ 7,286.92		
XUE	¥ 5,548.00	¥ 7,141.00	¥ 9,059.50	¥ 7,249.50		
XUE	¥ 6,301.00	¥ 2,542.75	¥ 3,536.00	¥ 4,126.58		
XUE	¥ 5,568.00	¥ 12,379.75	¥ 10,682.75	¥ 9,543.50		
XUE	¥ 4,723.50	¥ 9,080.75	¥ 6,306.75	¥ 6,703.67		
CC	¥ 5,487.25	¥ 5,168.00	¥ 11,719.75	¥ 7,458.33		
桔子	¥ 7,292.25	¥ 10,456.25	¥ 10,821.25	¥ 9,523.25		

图 5－28　输入公式

❷ 完成效果如图 5－29 所示。

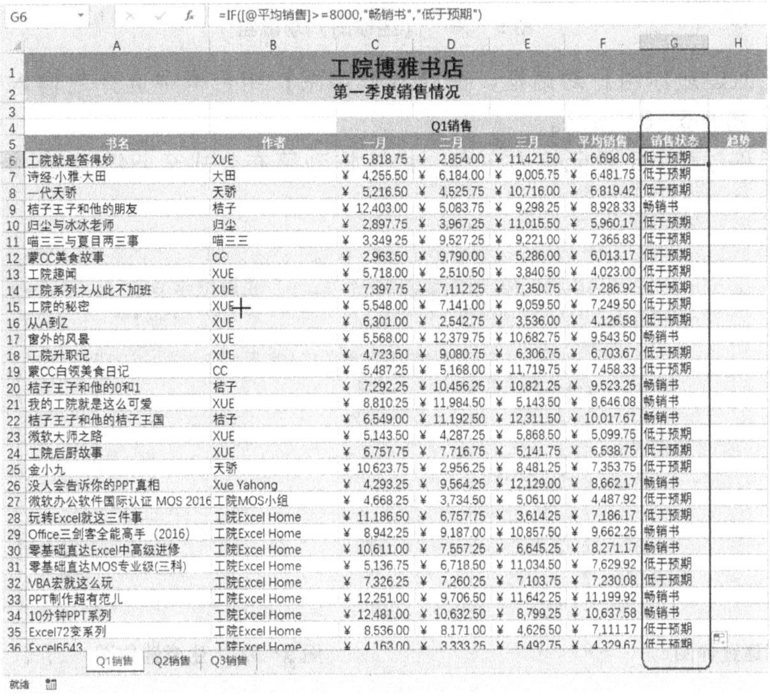

G6　=IF([@平均销售]>=8000,"畅销书","低于预期")

	书名	作者	一月	二月	三月	平均销售	销售状态	趋势
1	工院博雅书店							
2	第一季度销售情况							
4			Q1销售					
6	工院就是答得妙	XUE	¥ 5,818.75	¥ 2,854.00	¥ 11,421.50	¥ 6,698.08	低于预期	
7	诗经·小雅·大田	大田	¥ 4,255.50	¥ 6,184.00	¥ 9,005.75	¥ 6,481.75	低于预期	
8	一代天骄	天骄	¥ 5,216.50	¥ 4,525.75	¥ 10,716.00	¥ 6,819.42	低于预期	
9	桔子王子和他的朋友	桔子	¥ 12,403.00	¥ 5,083.75	¥ 9,298.25	¥ 8,928.33	畅销书	
10	归尘与冰冰老师	归尘	¥ 2,897.75	¥ 3,967.25	¥ 11,015.50	¥ 5,960.17	低于预期	
11	喵三三与夏目两三事	喵三三	¥ 3,349.25	¥ 9,527.25	¥ 9,221.00	¥ 7,365.83	低于预期	
12	蒙CC美食故事	CC	¥ 2,963.50	¥ 9,790.00	¥ 5,286.00	¥ 6,013.17	低于预期	
13	工院趣闻	XUE	¥ 5,718.00	¥ 2,510.50	¥ 3,840.50	¥ 4,023.00	低于预期	
14	工院系列之从此不加班	XUE	¥ 7,397.75	¥ 7,112.25	¥ 7,350.75	¥ 7,286.92	低于预期	
15	工院的秘密	XUE	¥ 5,548.00	¥ 7,141.00	¥ 9,059.50	¥ 7,249.50	低于预期	
16	从A到Z	XUE	¥ 6,301.00	¥ 2,542.75	¥ 3,536.00	¥ 4,126.58	低于预期	
17	窗外的风景	XUE	¥ 5,568.00	¥ 12,379.75	¥ 10,682.75	¥ 9,543.50	畅销书	
18	工院升职记	XUE	¥ 4,723.50	¥ 9,080.75	¥ 6,306.75	¥ 6,703.67	低于预期	
19	蒙CC白领美食日记	CC	¥ 5,487.25	¥ 5,168.00	¥ 11,719.75	¥ 7,458.33	低于预期	
20	桔子王子和他的0和1	桔子	¥ 7,292.25	¥ 10,456.25	¥ 10,821.25	¥ 9,523.25	畅销书	
21	我的工院就是这么可爱	XUE	¥ 8,810.25	¥ 11,984.50	¥ 5,143.50	¥ 8,646.08	畅销书	
22	桔子王子和他的桔子王国	桔子	¥ 6,549.00	¥ 11,192.50	¥ 12,311.50	¥ 10,017.67	畅销书	
23	微软大师之路	XUE	¥ 5,143.50	¥ 4,287.25	¥ 5,868.50	¥ 5,099.75	低于预期	
24	工院后厨故事	XUE	¥ 6,757.75	¥ 7,716.75	¥ 5,141.75	¥ 6,538.75	低于预期	
25	金小九	天骄	¥ 10,623.75	¥ 2,956.25	¥ 8,481.25	¥ 7,353.75	低于预期	
26	没人会告诉你的PPT真相	Xue Yahong	¥ 4,293.25	¥ 9,564.25	¥ 12,129.00	¥ 8,662.17	畅销书	
27	微软办公软件国际认证 MOS 2016	工院MOS小组	¥ 4,668.25	¥ 3,734.50	¥ 5,061.00	¥ 4,487.92	低于预期	
28	玩转Excel就这三件事	工院Excel Home	¥ 11,186.50	¥ 6,757.75	¥ 3,614.25	¥ 7,186.17	低于预期	
29	Office三剑客全能高手（2016）	工院Excel Home	¥ 8,942.25	¥ 9,187.00	¥ 10,857.50	¥ 9,662.25	畅销书	
30	零基础直达Excel中高级进修	工院Excel Home	¥ 10,611.00	¥ 7,557.25	¥ 6,645.25	¥ 8,271.17	畅销书	
31	零基础直达MOS专业级(三科)	工院Excel Home	¥ 5,136.75	¥ 6,718.50	¥ 11,034.50	¥ 7,629.92	低于预期	
32	VBA宏就这么玩	工院Excel Home	¥ 7,326.25	¥ 7,260.25	¥ 7,103.75	¥ 7,230.08	低于预期	
33	PPT制作超有范儿	工院Excel Home	¥ 12,251.00	¥ 9,706.50	¥ 11,642.25	¥ 11,199.92	畅销书	
34	10分钟PPT系列	工院Excel Home	¥ 12,481.00	¥ 10,632.50	¥ 8,799.25	¥ 10,637.58	畅销书	
35	Excel72变系列	工院Excel Home	¥ 8,536.00	¥ 8,171.00	¥ 4,626.50	¥ 7,111.17	低于预期	
36	Excel6543	工院Excel Home	¥ 4,163.00	¥ 3,333.25	¥ 5,492.75	¥ 4,329.67	低于预期	

图 5－29　完成效果

【分析拓展】

本任务用公式判断时采用直接编写。如果对函数掌握不熟练时，可采用【公式】选项卡→【插入函数】按钮，在对话框中完成；或按【编辑】功能组左侧插入函数按钮完成。由于应用了表格样式，所以在 G6 内输入公式后，会自动填充到整列。

任务3　添加迷你折线图

【任务描述】在"Q1 销售"工作表的"趋势"列，在每个单元格中插入一个折线迷你图来显示从"一月"到"三月"销售数据的趋势。

【考　　点】迷你图。

【操作流程】

❶ 选中【Q1 销售】工作表的 H6 单元格 →【插入】菜单→【迷你图】功能组→【折线图】工具按钮，如图 5-30 所示。

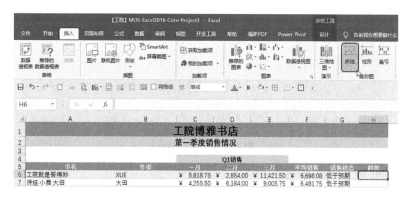

图 5-30　【迷你图】功能组

❷ 打开【创建迷你图】对话框，在【数据范围】组合框中选择或输入 C6:E6，单击【确定】按钮，如图 5-31 所示。

❸ 将光标移动到 H6 单元格右下角，向下拖动填充公式至 H45 单元格，如图 5-32 所示。

图 5-31　创建迷你图　　　　　　图 5-32　生成迷你图

④ 返回【页面设置】对话框，单击【确定】按钮。

【分析拓展】

迷你图除了折线图以外，还有柱形图和盈亏，插入方法都是一样的。在日常工作中迷你折线图的使用频率更高一点。

任务 4　　修改图表数据范围

【任务描述】 在【Q2 销售】工作表中，将"六月"数据增加到图表中。

【考　　点】 扩展图表数据范围。

【操作流程】

① 选中【Q2 销售】工作表中的图表，通过紫色、红色、蓝色框选的范围，可以看到图表所引用的数据范围，将光标移动到蓝色框线的右下角，如图 5 - 33 所示。

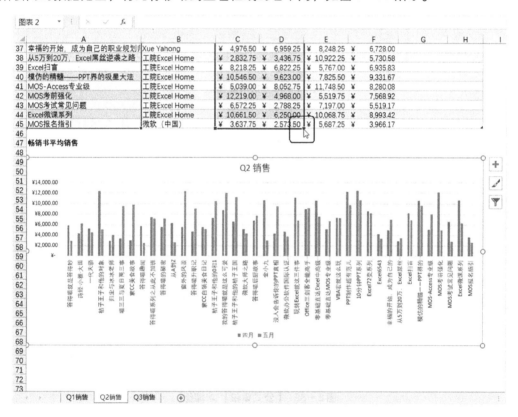

图 5 - 33　源数据区

② 向右拖动将 E 列包含在其中，如图 5 - 34 所示。

【分析拓展】

使用鼠标直接拖曳数据范围，是完成本任务最快捷的方法。也可通过菜单操作：【图表工具 - 设计】菜单→【数据】功能组→【选择数据】工具按钮，在【图例项（系列）】选项区域进行设置。

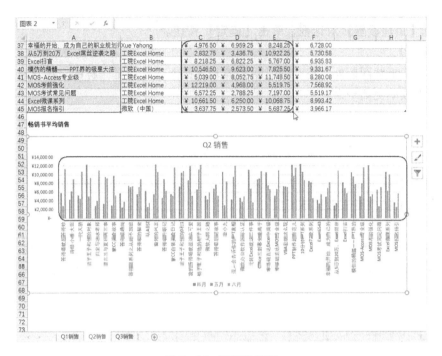

图 5-34　拓展数据区

任务5　显示公式

【任务描述】显示【Q2 销售】工作表中的公式。

【考　　点】显示公式。

【操作流程】

选中【Q2 销售】工作表→【公式】菜单→【公式审核】功能组→【显示公式】工具按钮，如图 5-35 所示。

图 5-35　【公式审核】功能组

项目4　工院图书展

【项目概述】工院在 2019 年组织了系列图书展，销售图书和其他产品。你需要处理销售数据，以展示销售图书的总销售情况，如图 5-36 所示。

【源文件】工院 MOS – Excel 2016 – Core – Project4

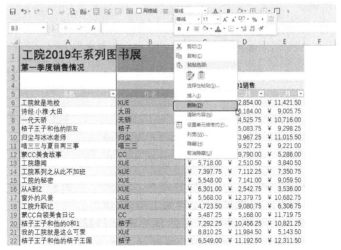

图 5 – 36　项目 4 基础数据

任务 1　删除指定列

【任务描述】在【销售】工作表中，移除包含作者姓名的列。

【考　　点】删除列。

【操作流程】

在【销售】工作表中，选中包含作者姓名的 B 列，右击并选择【删除】命令，如图 5 –37所示。

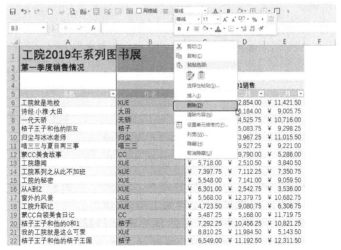

图 5 – 37　【删除】列快捷菜单命令

【分析拓展】

在实际工作中常用鼠标右键调出快捷菜单以完成一些日常操作，但当右键不能起作用时，还是要走"规范"操作流程：【开始】菜单→【单元格】功能组→【删除】下拉按钮→【删除工作表列】选项。这种操作在任何时候都是最为稳定和可靠的途径。

任务2 将表转换为普通工作表

【任务描述】 在【作者】工作表中，移除表格的表功能性，保留字体和单元格格式设置及数据的位置。

【考 点】 将套用了表格样式的表转换为普通区域。

【操作流程】

❶ 将光标置于【作者】工作表的表格中，单击【表格工具－设计】菜单→【转换为区域】工具按钮，如图5－38所示。

图5－38 【表格工具-设计】菜单

❷ 在弹出的对话框中，单击是按钮，如图5－39所示。

【分析拓展】

套用表格格式有很多便利之处，但也存在诸如部分单元格格式不能被编辑的问题，这时可以参照上面的方法将其转换为普通区域。需要表格格式时，有两种方法：方法1是【插入】菜单→【表格】功能组→【表格】工具按钮，选择需要转换为表格格式的区域；方法2是先选中待转换为表格格式的区域，再单击【开始】菜单→【套用表格格式】下拉按钮，选择任一样式即可。

图5－39 表转换确认对话框

任务 3	快速复制粘贴数据

【任务描述】复制【销售】工作表中 A9:A12 单元格区域到【新上榜】工作表的 A3:A6 单元格区域。

【考　　点】复制粘贴数据。

【操作流程】

❶ 在【销售】工作表中，选中 A9:A12 单元格区域，右击在快捷菜单中选择【复制】命令，如图 5-40 所示。

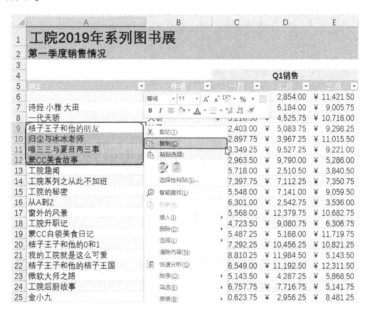

图 5-40　右键快捷菜单

❷ 在【新上榜】工作表中，选中 A3 单元格，右击选择【粘贴】命令，如图 5-41 所示。

【分析拓展】

除最常用的右键快捷菜单复制粘贴之外，常规操作还有：【开始】菜单→【剪贴板】功能组→【复制】/【粘贴】命令。当然，最快的当然还是使用组合键：复制为【Ctrl+C】和粘贴为【Ctrl+V】。这是一组所有领域软件系统的通用组合键。

图 5-41　粘贴选项

任务 4	插入图表

【任务描述】使用【销售】工作表第一季度（Q1）销售数据，插入一个 3D 堆积柱形图，展示每本书一月到三月的销售情况。书名展示在横轴，月份出现在图例，使用"第一季度销售"作为图表标题。

【考　　点】插入图表并进行基本调整。

【操作流程】

❶ 在【销售】工作表中，选中 A5: D15 单元格区域→【插入】菜单→【柱形图】下拉按钮→【三维堆积柱形图】选项，如图 5-42 所示。

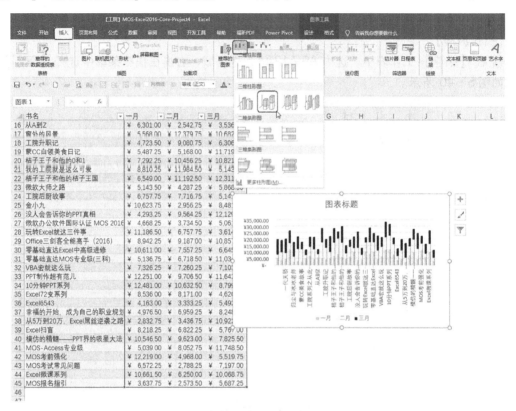

图 5-42　插入图表

❷ 将生成的图表的标题修改为【第一季度销售】，如图 5-43 所示。

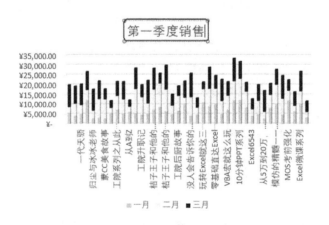

图 5-43　编辑标题

【分析拓展】

本任务在生成图表过程中，横轴、图例恰好符合要求，其原因在于源数据区域行标题、列标题正好吻合的缘故。如果题目发生变化，横轴显示月份，图例显示书名，则需按下面的方法调整：单击【图表工具 – 设计】菜单→【数据】功能组→【切换行/列】工具按钮，即可实现两者的互换。

项目 5　工院 Excel Home 人员信息

【项目概述】你供职于工院 Excel Home，正在更新公司的【人员信息】工作簿，如图 5 – 44 所示。

【源文件】工院 MOS – Excel 2016 – Core – Project5

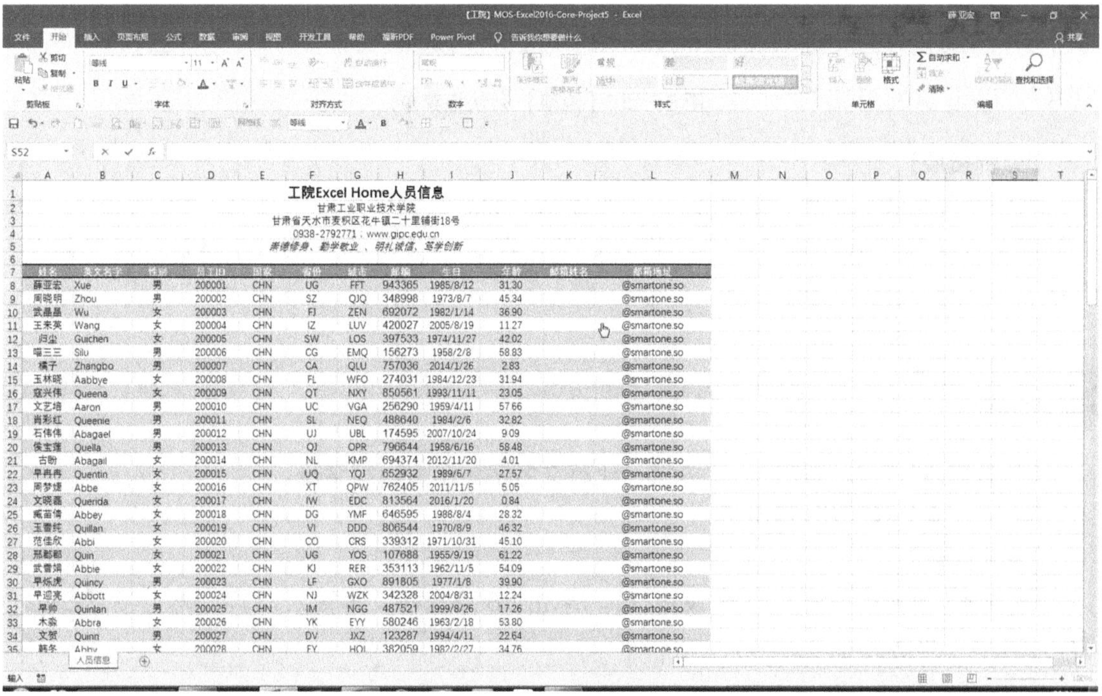

图 5 – 44　项目 5 基础数据

任务 1　隐藏工作表中指定的列

【任务描述】修改 D 列，使【员工 ID】不可见。

【考　　点】隐藏行列。

【操作流程】

选中 D 列，右击选择【隐藏】命令，如图 5 – 45 所示。

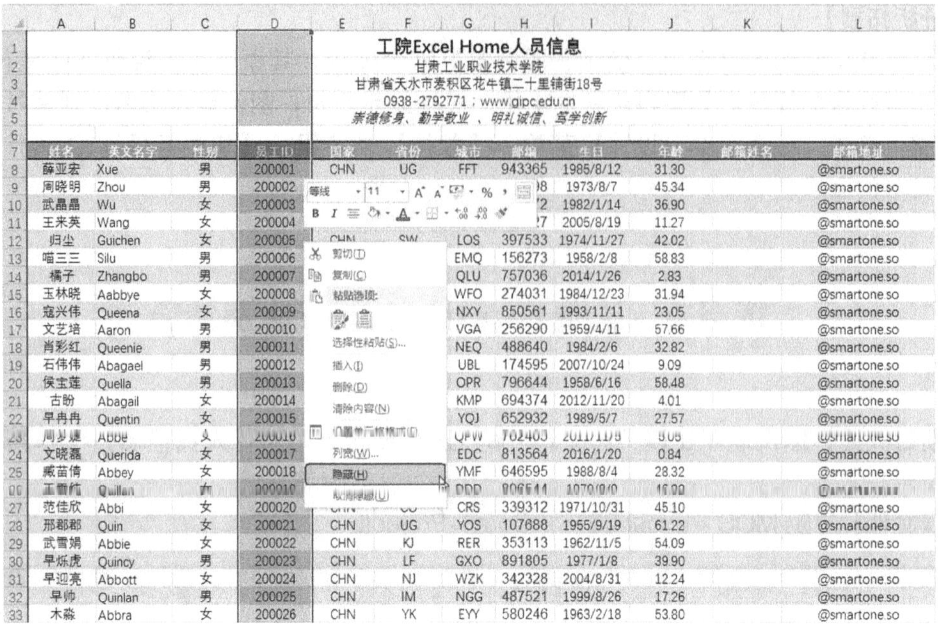

图 5-45 【隐藏】列快捷菜单

【分析拓展】

本任务只要求不可见（即隐藏），无须删除。除右键操作外，还可以选中目标列→【开始】菜单→【单元格】功能组→【格式】下拉按钮→【隐藏与取消隐藏】→【隐藏列】选项。

任务2　应用公式使数据以小写字母显示

【任务描述】在 K 列使用一个公式，让英文名字显示为小写字母。

【考　　点】LOWER 函数。

【操作流程】

❶ 在 K8 单元格中输入"=lower（"，单击 B8 单元格，再输入"）"，然后按【Enter】键，如图 5-46 所示。

图 5-46　输入公式

❷ 完成效果如图 5–47 所示。

	姓名	英文名字	性别	员工ID	国家	省份	城市	邮编	生日	年龄	邮箱姓名	邮箱地址
1							工院Excel Home人员信息					
2							甘肃工业职业技术学院					
3							甘肃省天水市麦积区花牛镇二十里铺街18号					
4							0938-2792771；www.gipc.edu.cn					
5							养德修身、勤学敬业 、明礼诚信、笃学创新					
7	姓名	英文名字	性别	员工ID	国家	省份	城市	邮编	生日	年龄	邮箱姓名	邮箱地址
8	薛亚宏	Xue	男	200001	CHN	UG	FFT	943365	1985/8/12	31.30	xue	xue @smartone.so
9	周晓明	Zhou	男	200002	CHN	SZ	QJQ	348998	1973/8/7	45.34	zhou	zhou@smartone.so
10	武晶晶	Wu	女	200003	CHN	FJ	ZEN	692072	1982/1/14	36.90	wu	wu@smartone.so
11	王来英	Wang	女	200004	CHN	IZ	LUV	420027	2005/8/19	11.27	wang	wang@smartone.so
12	归尘	Guichen	女	200005	CHN	SW	LOS	397533	1974/11/27	42.02	guichen	guichen@smartone.so
13	喵三三	Silu	男	200006	CHN	CG	EMQ	156273	1958/2/8	58.83	silu	silu@smartone.so
14	橘子	Zhangbo	男	200007	CHN	CA	QLU	757036	2014/1/26	2.83	zhangbo	zhangbo@smartone.so
15	玉林晓	Aabbye	女	200008	CHN	FL	WFO	274031	1984/12/23	31.94	aabbye	aabbye@smartone.so
16	蔻兴伟	Queena	女	200009	CHN	QT	NXY	850561	1993/11/11	23.05	queena	queena@smartone.so
17	文艺培	Aaron	男	200010	CHN	UC	VGA	256290	1973/4/11	57.66	aaron	aaron@smartone.so
18	肖彩裙	Queenie	男	200011	CHN	SL	NEQ	488640	1984/2/6	32.82	queenie	queenie@smartone.so
19	石伟伟	Abagael	男	200012	CHN	UJ	UBL	174595	2007/10/24	9.09	abagael	abagael@smartone.so
20	侯宝莲	Quella	男	200013	CHN	QJ	OPR	796644	1958/6/16	58.48	quella	quella@smartone.so
21	古盼	Abagail	女	200014	CHN	NL	KMP	694374	2012/11/20	4.01	abagail	abagail@smartone.so
22	早冉冉	Quentin	女	200015	CHN	UQ	YQJ	652932	1989/5/7	27.57	quentin	quentin@smartone.so
23	周梦婕	Abbe	女	200016	CHN	XT	QPW	762405	2011/11/5	5.05	abbe	abbe@smartone.so
24	文晓菁	Querida	女	200017	CHN	IW	EDC	813564	2016/1/20	0.84	querida	querida@smartone.so
25	臧苗倩	Abbey	女	200018	CHN	DG	YMF	646595	1988/8/4	28.32	abbey	abbey@smartone.so

图 5–47　完成效果

【分析拓展】

与显示小写字母对应的是显示大写字母，使用函数 UPPER，首字母大写的函数为 PROPER，这 3 个函数用法完全相同，均为考点。

任务 3　定位并删除数据

【任务描述】定位到【工院网络】区域，并移除选中的单元格内容。

【考　　点】清除指定区域的内容。

【操作流程】

❶ 按【Ctrl＋G】组合键，打开【定位】对话框，在【定位】列表框中选择【工院网络】选项，单击【确定】按钮，如图 5–48 所示。

❷ 定位到指定区域后，按【Delete】键将其删除，如图 5–49 所示。

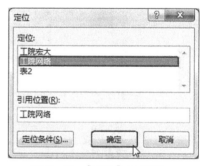

图 5–48　【定位】对话框

	姓名	英文名字	性别	员工ID	国家	省份	城市	邮编	生日	年龄	邮箱姓名	邮箱地址	M
111	尤晓宇	Taffy	女	200104	CHN	GL	OXR	629228	1989/12/10	26.76		@smartone.so	
112	孔博阳	Edward	女	200105	CHN	MX	GQM	603131	1984/8/15	32.30		@smartone.so	
113	高疃	Tai	男	200106	CHN	AK	DBI	967536	1989/2/2	27.82		@smartone.so	
114	庞丽华	Edwin	女	200107	CHN	ND	KJQ	973538	2004/9/16	12.19		@smartone.so	
115	昭佳强	Taifa	男	200108	CHN	OQ	HUB	270563	1977/2/12	39.81		@smartone.so	
116	耿伟	Efrem	男	200109	CHN	QW	OCC	136775	1995/7/20	21.36		@smartone.so	
117	蔡浮昊	Tailynn	女	200110	CHN	BE	RTJ	455462	1974/9/6	42.24		@smartone.so	
118	曹翼炜	Egan	女	200111	CHN	WG	QXW	689652	2001/3/21	15.69		@smartone.so	
119	早海洋	Taima	女	200112	CHN	QH	FVK	777534	2013/3/27	3.66		@smartone.so	
120	玉稳	Egil	男	200113	CHN	OK	DSL	430706	2007/6/30	9.41		@smartone.so	
121	早立飞	Tait	男	200114	CHN	ZC	YVT	603092	1949/11/15	67.07		@smartone.so	
122	徐晓雷	Eiji	男	200115	CHN	SR	TMI	840273	2012/1/15	4.86	按【Delete】键删除区域	@smartone.so	
123	韩立媛	Talbot	女	200116	CHN	NP	FWX	762946	1973/5/7	43.58		@smartone.so	
124	邢炜萱	Eileen	女	200117	CHN	DP	YOK	605685	1977/11/13	39.05		@smartone.so	
125	早初	Talen	男	200119	CHN	YO	YAN	305656	2012/10/2	4.15		@smartone.so	
126	玉俊新	Talia	男	200120	CHN	RJ	FFY	146560	1995/6/16	21.45		@smartone.so	
127	魏乐乐	Taliesin	女	200122	CHN	PY	BIQ	840342	1996/10/24	20.10		@smartone.so	
128	韩博	Taline	男	200124	CHN	TM	LLQ	545826	1978/9/24	38.19		@smartone.so	
129	昭梦	Talisa	男	200126	CHN	YB	RJW	242232	1961/10/27	55.11		@smartone.so	
130													

图 5–49　删除定位区域

【分析拓展】

清除内容还有两种方法：方法1是单击【开始】菜单→【编辑】功能组→【清除】下拉按钮→【清除内容】选项；方法2是在选定区域内右击选择【清除内容】命令。两者均可完成对选定区域内容的清除。

任务4 打印标题行

【任务描述】设置【人员信息】工作表，使得第7行的列标题出现在所有打印的纸张上。

【考　　点】设置打印顶端标题行。

【操作流程】

单击【页面布局】菜单→【打印标题】工具按钮，打开【页面设置】对话框，切换到【工作表】选项卡，在【顶端标题行】组合框中选择第7行或输入"$7:$7"，单击【确定】按钮，如图5-50所示。

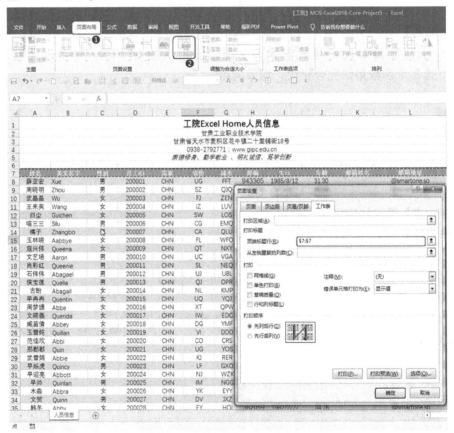

图5-50　设置打印标题行

【分析拓展】

打印标题对行和列都是有效的，本任务设置的是打印行标题，行标题区域是"$7:$7"，还可设置打印列标题，如"$D:$D"代表D列。总之，除可设置顶端标题行之外，还可以设置左端标题列。

项目 6　工院茶餐厅

【项目概述】工院茶餐厅主要经营特色小吃、茶、咖啡、饮料等。你作为销售经理，现需更新已存在的工作簿，如图 5-51 所示。

【源文件】

（1）工院 MOS - Excel 2016 - Core - Project6

（2）工院茶餐厅_ 饮料

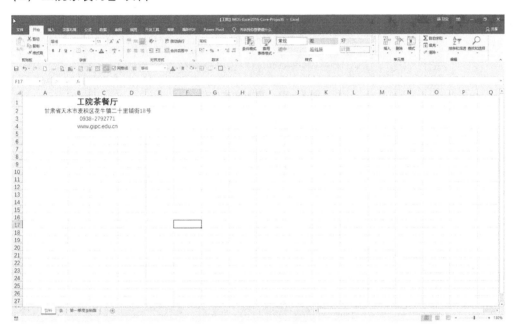

图 5-51　项目 6 基础数据

任务 1　导入外部数据

【任务描述】从【饮料】工作表的 A6 单元格开始，导入同目录下"工院茶餐厅_饮料.txt"文本文件中的数据。（接受所有默认设置。）

【考　　点】导入外部文本文件数据。

【操作流程】

❶ 选中【饮料】工作表中的 A6 单元格。

❷ 单击【数据】菜单→【获取外部数据】功能组→【自文本】工具按钮，在【导入文本文件】对话框中选中【工院茶餐厅_饮料】文本文件，单击【导入】按钮，如图5 -52所示。

❸ 按对话框提示依次单击【下一步】按钮，最后单击【完成】按钮，如图5 -53 ~ 图5 -55所示。

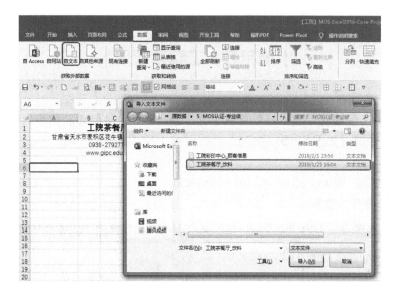

图 5－52　导入文本文件

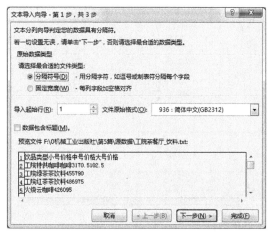

图 5－53　文本导入向导 1

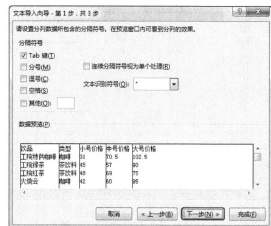

图 5－54　文本导入向导 2

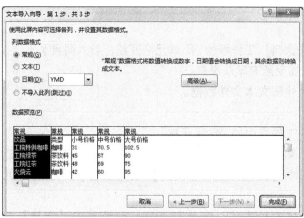

图 5－55　文本导入向导 3

❹ 单击【确定】按钮，完成数据导入，如图 5 - 56 所示。

【分析拓展】

　　在本任务中，接受所有默认设置，即不用做任何其他操作，仅按对话框中的默认设置单击【下一步】、【完成】、【确定】等按钮即可。本任务第❶步先选中了 A6 单元格，这一步也可以在最后一步导入数据对话框中，在【数据的放置位置】选项区域中选中【现有工作表】单选按钮，并在其下的组合框中输入位置 " = $A$6"。需特别说明的是，在 MOS 考试中，一般来讲，题目要求导入外部数据时，如果操作正确的话，相应的外部文档会出现在对话框中，直接选择即可。

图 5 - 56　导入数据

任务 2　更改表格样式

【任务描述】对【茶】工作表上的表格应用表格样式 "中等深浅 9"。

【考　　点】修改表格样式。

【操作流程】

❶ 将光标置于【茶】工作表的表格中，单击【表格工具-设计】菜单→【表格样式】功能组→【其他】下拉按钮，如图 5 - 57 所示。

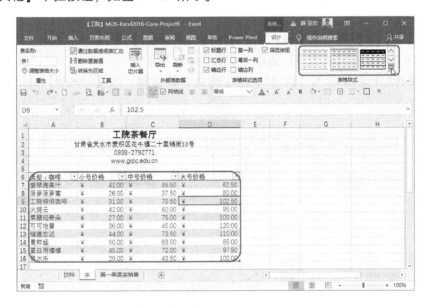

图 5 - 57　【表格样式】功能组

❷ 选中【橙色，表样式中等深浅 9】选项，如图 5 - 58 所示。

中等色

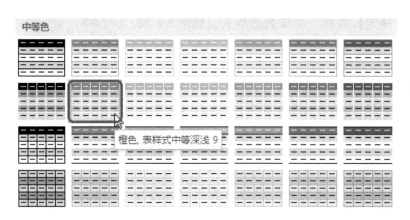

橙色，表样式中等深浅 9

图5-58　表格样式

【分析拓展】

在数据统计与分析中，套用表格样式功能使用频率较高。统计表格常采用"开口表"，即表两边无边框。此外，"三线表"也是学术研究领域常用的一种表格样式，不过在现有表格样式中并没有此样式，需要自定义。

任务3　修改图表布局

【任务描述】在【茶】工作表中，将其中的柱形图的布局更改为布局9，增加"价格"作为纵轴标题，移除横轴标题。

【考　点】图表布局调整。

【操作流程】

❶ 选中【茶】工作表中的图表，单击【图表工具-设计】菜单→【图表布局】功能组→【快速布局】下拉按钮→【布局9】选项，如图5-59所示。

❷ 在纵坐标轴标题处输入"价格"，选中横坐标轴标题，按【Delete】键删除即可，如图5-60所示。

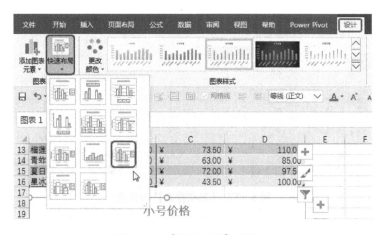

图5-59　【图表布局】功能组

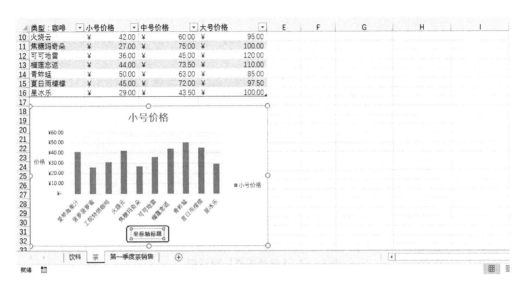

图 5 - 60　修改图表元素

【分析拓展】

【快速布局】工具非常有利于快速给图表更改布局，但对于局部的调整，还是需要【添加图表元素】工具。这是 Excel 2016 图表制作绕不开的一类功能组，选项也很丰富。本任务就可以利用【添加图表元素】下拉按钮→【坐标轴标题】，再从下级选项中选择要调整的具体位置或元素。

任务 4　移动图表到新工作表

【任务描述】将【第一季度茶销售】工作表中的图表移动到名为【茶销售】的工作表中。

【考　　点】移动图表。

【操作流程】

❶ 选中【第一季度茶销售】工作表中的图表，【图表工具-设计】菜单→【位置】功能组→【移动图表】工具按钮，如图 5 - 61 所示。

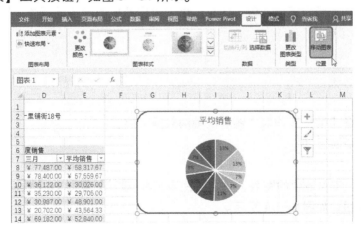

图 5 - 61　【移动图表】工具按钮

❷ 在【移动图表】对话框中，选中【新工作表】单选按钮，并在其后的文本框中输入【茶销售】，如图5-62所示。

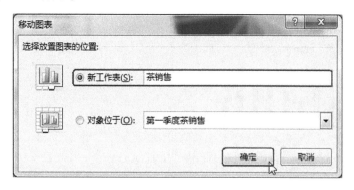

图5-62 【移动图表】对话框

❸ 单击"确定"按钮，完成效果如图5-63所示。

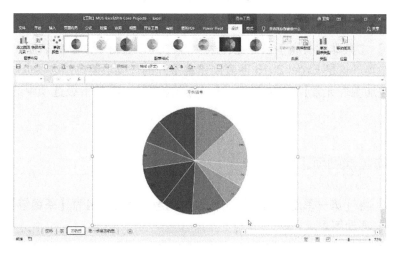

图5-63 完成效果

【分析拓展】

【移动图表】功能较为实用，该方法也适用于数据透视图的移动操作。MOS考试中也会出现对这个问题的考核。

任务5 切换图表行/列

【任务描述】将【茶】工作表中图表的轴的数据交换。

【考　　点】切换行/列。

【操作流程】

❶ 选中【茶】工作表中的图表，单击【图表工具-设计】菜单→【数据】功能组→【切换行/列】工具按钮，如图5-64所示。

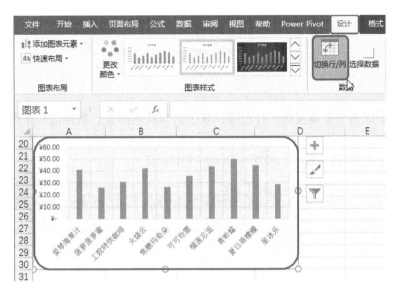

图 5-64　【数据】功能组

❷ 切换后的效果如图 5-65 所示。

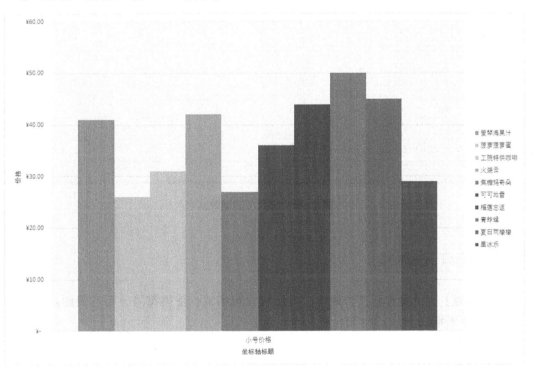

图 5-65　切换效果

【分析拓展】

在图表制作中，要注意区分水平轴/图例、行/列之间的关系：水平轴就是行，图例就是列，轴的数据交换就是切换行/列。

项目7 工院淘宝店

【项目概述】你有一家淘宝店，并已经积累了约500名顾客，需评估和整理顾客数据，如图5-66所示。

【源文件】工院 MOS-Excel 2016-Core-Project7

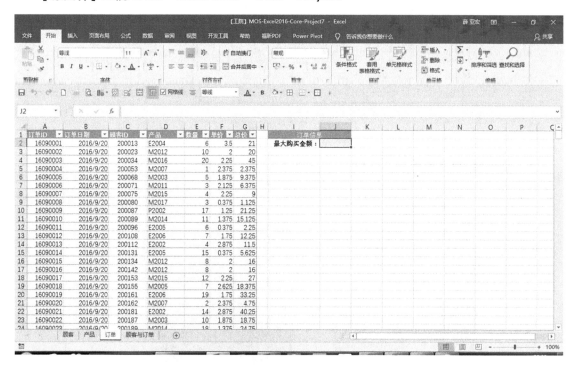

图5-66 项目7基础数据

任务1 修改表格格式

【任务描述】在【顾客】工作表中，为表格设置格式，使得每隔一行有阴影。如果新增一行会自动更新格式。

【考　　点】镶边行。

【操作流程】

❶ 将光标置于【顾客】工作表的表格中，单击【表格工具-设计】菜单→【表格样式选项】功能组，选中【镶边行】复选框，如图5-67所示。

❷ 完成效果如图5-68所示。

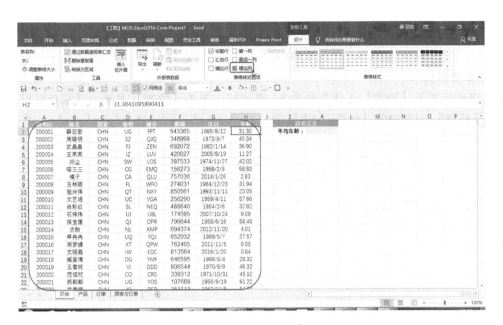

图 5 - 67　【表格样式选项】功能组

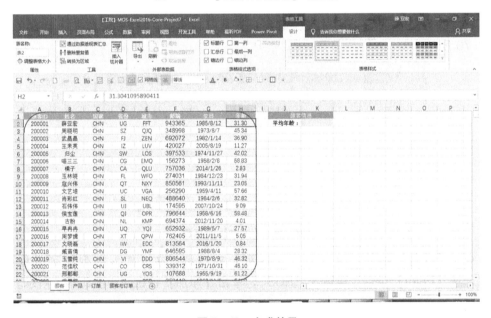

图 5 - 68　完成效果

【分析拓展】

与镶边行同类的功能是镶边列，它们均采用隔行或隔列填充的方式来降低看串行的概率。这样做大大提高了阅读的体验，较为实用。

任务 2　对表格排序

【任务描述】在【顾客】工作表中，对表格内容排序，使【国家】列 CHN 在第一、RUS 在第二；然后，每个国家的顾客按照【省份】字母顺序升序排列；最后，每个省份的顾客按照【邮编】升序排列。

【考　　点】多条件排序、自定义序列。

【操作流程】

❶ 将光标置于【顾客】工作表中的 A1 单元格，单击【数据】菜单→【排序和筛选】功能组→【排序】工具按钮，如图5–69所示。

图 5–69 【排序和筛选】功能组

❷ 在【排序】对话框中，【主要关键字】选择【国家】，【次序】选择【自定义序列】，如图 5–70 所示。

图 5–70 【排序】对话框

❸ 单击【确定】按钮打开【自定义序列】对话框，在【输入序列】列表框中输入"CHN"，按【Enter】键后，再输入"RUS"，单击【添加】按钮，如图 5–71 所示。

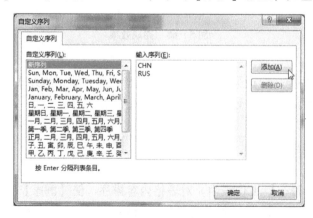

图 5–71 【自定义序列】对话框

④ 单击【确定】按钮，如图 5-72 所示。

图 5-72　自定义序列

⑤ 返回【排序】对话框，单击【添加条件】按钮，如图 5-73 所示。

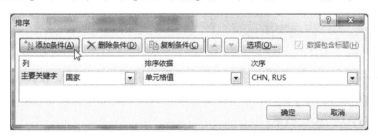

图 5-73　添加条件 1

⑥ 选中【次要关键字】，设为【省份】，单击【确定】按钮，如图 5-74 所示。

图 5-74　设置次要关键字为省份

⑦ 单击【添加条件】按钮，如图 5-75 所示。

图 5-75　添加条件 2

❽ 选中第2个【次要关键字】，设为【邮编】，单击【确定】按钮，如图5-76所示。

图5-76　设置次要关键字为邮编

【分析拓展】

【排序和筛选】是Excel应用较为频繁的功能组，其中的自定义序列可用来定义一组经常使用但又在系统默认序列中不存在的序列。

任务3　使用公式计算平均年龄

【任务描述】 在【顾客】工作表中的 K2 单元格中输入一个公式，使用 Excel 函数，以返回基于【年龄】列的顾客平均年龄。

【考　　点】 AVERAGE 函数。

【操作流程】

在【顾客】工作表的 K2 单元格中输入"=AVERAGE("，选中 H2:H501 单元格区域，也就是年龄所在数据范围，再输入")"，并按【Enter】键，如图5-77所示。

【分析拓展】

本任务中的表套用了表格格式，相关列是有"名称"的，可以不拖选区域，直接在目标单元格 K2 中输入"=AVERAGE(表2[年龄])"，其中"年龄"即是工作表中【年龄】列的"名称"。在公式中输入"[年龄]"与用鼠标拖选 H2:H501 单元格区域的效果是一样的。这也是表格格式的优势之一。

K2				f_x	=AVERAGE(表2[年龄])						
	A	B	C	D	E	F	G	H	I	J	K	L
1	顾客ID	姓名	国家	省份	城市	邮编	生日	年龄		顾客信息		
2	200192	昭丽强	CHN	AC	GIE	189469	2003/8/4	13.32		平均年龄：	=AVERAGE(表2[年龄])	
3	200086	端印	CHN	AC	TFY	422722	1967/2/5	49.83				
4	200082	早雷	CHN	AC	UEO	516034	1962/7/23	54.38				
5	200339	木荣恒	CHN	AD	OOD	767493	2013/5/21	3.51				
6	200106	高瞻	CHN	AK	DBI	967536	1989/2/2	27.82				
7	200197	东冬梅	CHN	AP	IVJ	280724	2014/7/23	2.34				
8	200184	昭璐	CHN	AV	NXQ	879826	1955/6/20	61.47				
9	200240	田伟康	CHN	BC	LZC	230901	1994/9/21	22.19				
10	200110	蔡泽昊	CHN	BE	RTJ	455462	1974/9/6	42.24				

图5-77　输入 AVERAGE 函数

任务 4　修改数字格式

【任务描述】在【产品】工作表中，应用数值格式，使【重量】列的数字显示为 3 位小数。

【考　　点】设置单元格格式。

【操作流程】

❶ 选择【重量】列单元格区域 D2:D30，单击【开始】菜单→【数字】功能组展开按钮，如图 5-78 所示。

图 5-78　【数字】功能组

❷ 打开【设置单元格格式】对话框，切换到【数字】选项卡，在【分类】列表框中选中【数值】选项，在【小数位数】文本框中填入数字"3"，单击【确定】按钮，如图 5-79 所示。

图 5-79　设置数值格式

【分析拓展】

Excel 作为数据处理的重要软件，对数值格式有着详细的规范和要求。关于数值格式的问题也是数据整理过程中的重要环节，数值格式的规范性会直接影响数据处理的进度。

任务5 设置条件格式

【任务描述】在【订单】工作表中，使用自动化的格式设置方法，使得【总价】列的单元格中的值在平均值以上的应用深绿色文字绿色填充。当单元格中的值变化，格式应随之变化。

【考　　点】条件格式。

【操作流程】

❶ 首先选中【订单】工作表中的 G2：G50 单元格区域，单击【开始】菜单→【样式】功能组→【条件格式】下拉按钮→【最前/最后规则】→【高于平均值】选项，如图 5-80 所示。

图 5-80 【样式】功能组

❷ 打开【高于平均值】对话框，在【针对选定区域，设置为】下拉列表框中选择【绿填充色深绿文本】选项，单击【确定】按钮，如图 5-81 所示。

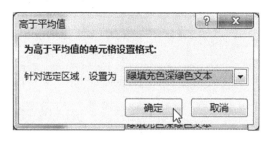

图 5-81 设置条件格式

【分析拓展】

【条件格式】在实际工作中使用频繁，同时也是 MOS 考试的重要考点。操作难易程度适中，但其中的各种设置条目繁多，需要花时间熟悉。

任务6　使用公式计算最大值

【任务描述】在【订单】工作表的 J2 单元格中输入一个公式，使用 Excel 函数，以返回"总价"中最高的那个。

【考　　点】MAX 函数。

【操作流程】

在【订单】工作表中的 J2 单元格中输入"=MAX("，选择 G2:G501 单元格区域，再输入")"，然后按【Enter】键，如图 5-82 所示。

图 5-82　输入 MAX 函数

【分析拓展】

正如本项目任务 3 所分析的，在套用了表格格式的工作表中，函数参数的输入可以利用表名和列名完成快速输入，而不用拖选与列名关联的区域。

任务7　移除重复数据

【任务描述】在【顾客与订单】工作表中，使用 Excel 数据工具，移除表格中重复的"顾客 ID"的记录，不要移除其他记录。

【考　　点】删除重复项。

【操作流程】

❶ 将光标置于【顾客与订单】工作表的 A1 单元格，单击【数据】菜单→【数据工具】功能组→【删除重复值】工具按钮，如图 5-83 所示。

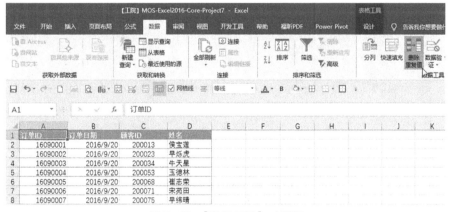

图 5-83　【数据工具】功能组

② 在弹出的【删除重复值】对话框中，仅选中【顾客ID】复选框，单击【确定】按钮，如图5-84所示。

③ 弹出删除确认对话框，单击【确定】按钮，完成删除，如图5-85所示。

图5-84 删除重复值

图5-85 删除确认

【分析拓展】

本任务中删除重复项用到了【数据工具】功能组中的【删除重复值】工具，该操作是不可逆的，即数据删除后文件被【保存】或执行了其他覆盖操作后将无法恢复源数据。所以在日常应用中要多加注意，一般来讲，所有列均存在重复情况时可考虑应用【删除重复值】工具。当然删除重复项的方法还有很多，函数法就是其中之一。

项目8 工院印刷报价

【项目概述】你负责工院彩印中心的报价，正在创建和存储工院印刷报价信息的工作簿，如图5-86所示。

【源文件】

❶ 工院MOS-Excel 2016-Core-Project8

图5-86 项目8基础数据

❷ 工院彩印中心_顾客信息

任务 1 　定位表格并修改指定单元格的值

【任务描述】定位到【利率】表格，并将位于【技术评审 1】行和【每页】列的单元格的值更改为 "2.00"。

【考　　点】定位表格。

【操作流程】

❶ 按【Ctrl + G】组合键，调出【定位】对话框，选择【利率】选项，单击【确定】按钮，如图 5 - 87 所示。

❷ 选中位于 "技术评审 1" 行和 "每页" 列的单元格，将值修改为 "2.00"，如图 5 - 88 所示。

图 5 - 87 　【定位】对话框　　　　　　图 5 - 88 　修改单元格的值

【分析拓展】

在 Excel 中，很多组合键或右键快捷菜单功能在 Excel 主界面上方的功能区均能找到 "出处"，如本任务还可以按如下流程进行定位操作：单击【开始】菜单→【编辑】功能组→【查找和选择】下拉按钮→【转到】选项，打开【定位】对话框。

任务 2 　使数据自动换行

【任务描述】在【服务】工作表中，调整【描述】列，使得超过列宽的条目自行换行为多行。

【考　　点】自动换行。

【操作流程】

选中【服务】工作表的【描述】列，单击【开始】菜单→【对齐方式】功能组→【自动换行】工具按钮，如图 5 - 89 所示。

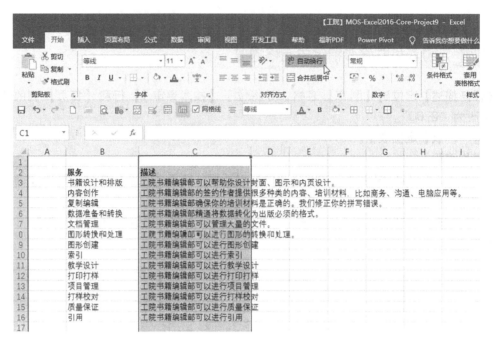

图 5 - 89 【对齐方式】功能组

【分析拓展】

本任务是在功能区完成的，还可以通过右击打开【设置单元格格式】对话框，在【对齐】选项卡中【文本控制】选项区域下勾选【自动换行】复选框也可。

任务 3 移除表格功能

【任务描述】 在【退价】工作表中，移除表格的功能，但保留字体和单元格格式。

【考　　点】 表格转换为区域。

【操作流程】

❶ 选中【报价】工作表的表格中任意一个单元格，单击【表格工具 - 设计】菜单→【工具】功能组→【转换为区域】工具按钮，如图 5 - 90 所示。

❷ 在弹出的对话框中，单击【是】按钮，如图 5 - 91 所示。

图 5 - 90 【转换为区域】工具按钮 　　　　图 5 - 91 确认转换对话框

【分析拓展】

本任务是移除表格功能，即清除套用了表格样式的表功能，而【转换为区域】可以将套用了表格格式的表区域转换为普通区域。

任务4　快速复制工作表

【任务描述】 复制一份【信息】工作表。

【考　　点】 复制工作表。

【操作流程】

❶ 在【信息】工作表上右击，选择【移动或复制】命令，如图5–92所示。

❷ 打开【移动或复制工作表】对话框，勾选【建立副本】复选框，单击【确定】按钮，如图5–93所示。

图5–92　右键快捷菜单

图5–93　【移动或复制工作表】对话框

【分析拓展】

本任务是采用右键快捷菜单方式处理的，我们还可以利用功能区完成，具体操作流程为：单击【开始】菜单→【单元格】功能组→【格式】下拉按钮→【组织工作表】组→【移动或复制工作表】选项。

任务5　导入数据

【任务描述】 在【报价】工作表的 F3 单元格中，导入"工院彩印中心_顾客.txt"文件中的数据，此文件使用 TAB 制表符，有标题。接受其他默认值。

【考　　点】 导入文本文件中的数据。

【操作流程】

❶ 将光标置于【报价】工作表的 F3 单元格，单击【数据】菜单→【获取外部数据】功能组→【自文本】工具按钮，如图5–94所示。

图5-94 【获取外部数据】功能组

❷ 打开【导入文本文件】对话框，选中【工院彩印中心_顾客信息】文件，单击【导入】按钮，如图5-95所示。

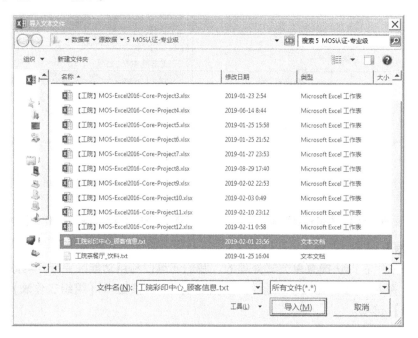

图5-95 【导入文本文件】对话框

❸ 在【文本导入向导-第1步，共3步】对话框中，选中【数据包含标题】复选框，单击【下一步】按钮，如图5-96所示。

❹ 在文本导入向导-第2步/第3步的对话框中直接单击【下一步】和【完成】按钮。

❺ 在【导入数据】对话框中单击【确定】按钮，完成导入，如图5-97所示。

【分析拓展】

本任务为获取外部数据中较为简单的文本数据导入，如果要达到理想的导入效果，需要对文本数据进行前期排版。

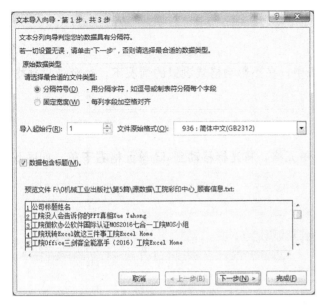

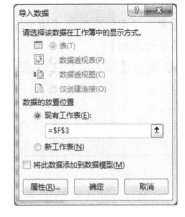

图 5 - 96　文本导入向导 – 第 1 步　　　　　　图 5 - 97　【导入数据】对话框

项目 9　工院甜品屋

【项目概述】你负责管理工院甜品屋，正在追踪产品销售并推荐新产品。每周三，你要对数据汇总，和顾客调查保存在一起。你有一个包含上周销售数据和调查报告的工作簿，如图 5 - 98 所示。

【源文件】工院 MOS – Excel 2016 – Core – Project9

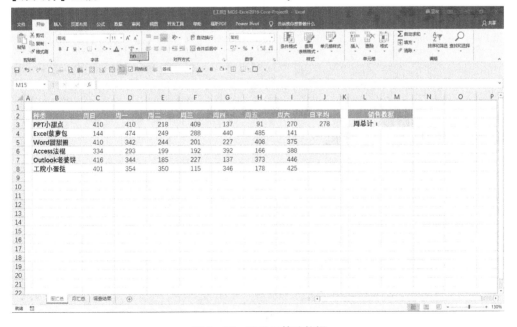

图 5 - 98　项目 9 基础数据

任务1 补充数据

【任务描述】在【周汇总】工作表中，在不影响格式设置的情况下，补全【日平均】列的数据。

【考　点】不带格式填充。

【操作流程】

❶ 选中【周汇总】工作表的 J3 单元格，将光标移动到 J3 单元格右下角，如图 5-99所示。

	A	B	C	D	E	F	G	H	I	J	K
1											
2		种类	周日	周一	周二	周三	周四	周五	周六	日平均	
3		PPT小甜点	410	410	218	409	137	91	270	278	
4		Excel菠萝包	144	474	249	288	440	485	141		
5		Word甜甜圈	410	342	244	201	227	408	375		
6		Access法棍	334	293	199	192	392	166	388		
7		Outlook老婆饼	416	344	185	227	137	373	446		
8		工院小蛋挞	401	354	350	115	346	178	425		
9											

图 5-99　选中待填充单元格

❷ 按住鼠标左键向下拖动到 J8 单元格，单击【自动填充选项】下拉按钮，选中【不带格式填充】单选按钮，如图 5-100 所示。

G	H	I	J	K	L	M
周四	周五	周六	日平均			销售数据
137	91	270	278		周总计：	
440	485	141	317			
227	408	375	315			
392	166	388	281			
137	373	446	304			
346	178	425	310			

○ 复制单元格(C)
○ 仅填充格式(F)
◉ 不带格式填充(O)
○ 快速填充(F)

图 5-100　填充选项

❸ 填充效果如图 5-101 所示。

	A	B	C	D	E	F	G	H	I	J
1										
2		种类	周日	周一	周二	周三	周四	周五	周六	日平均
3		PPT小甜点	410	410	218	409	137	91	270	278
4		Excel菠萝包	144	474	249	288	440	485	141	317
5		Word甜甜圈	410	342	244	201	227	408	375	315
6		Access法棍	334	293	199	192	392	166	388	281
7		Outlook老婆饼	416	344	185	227	137	373	446	304
8		工院小蛋挞	401	354	350	115	346	178	425	310
9										

图 5-101　填充效果

【分析拓展】

在单元格右下角向下拖动鼠标填充有 4 个可选项，其功能分别是复制单元格、仅填充格式、不带格式填充以及快速填充。其中，快速填充是 Excel 2016 版的新增功能之一，能够非常有效地对行或列区域数据进行批量更改，极为方便。

任务 2　设置表格格式

【任务描述】 在【月汇总】工作表中，为 C2:J8 单元格区域的数据设置带有标题的表格格式。应用表格样式中等深浅 3。

【考　　点】 套用表格格式。

【操作流程】

❶ 选中【月汇总】工作表的 C2:J8 单元格区域，单击【开始】菜单→【样式】功能组→【套用表格格式】下拉按钮→【橙色，表样式中等深浅 3】选项，如图 5 - 102 所示。

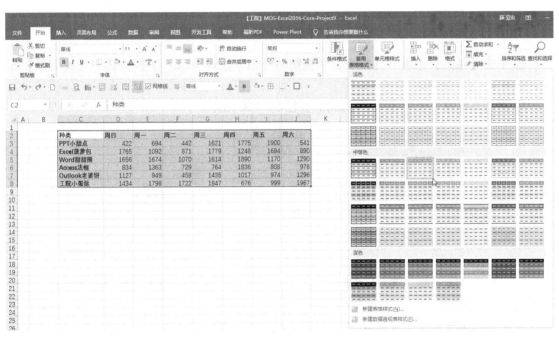

图 5 - 102　【样式】功能组

❷ 在【套用表格式】对话框中，选中【表包含标题】复选框，单击【确定】按钮，如图 5 - 103 所示。

【分析拓展】

表格套用格式简单易用，对于表格样式的美观度提升有明显作用，同时也具有很多"半自动"功能。但是，为了规范表格样式，部分单元格操作是受限的。所以，在日常使用中还是要结合实际。

图 5 - 103　【套用表格式】对话框

任务3　插入图表

【任务描述】在【周汇总】工作表中，插入一个排列图，展示周三的销售数据分布。将图表标题更改为【周三销量】。

【考　　点】插入排列图（即帕累托图），并编辑图表元素。

【操作流程】

❶ 选中【周汇总】工作表的 B2:B8 和 F2:F8 单元格区域，如图 5‒104 所示。

A	B	C	D	E	F	G
1						
2	种类	周日	周一	周二	周三	周四
3	PPT小甜点	410	410	218	409	137
4	Excel菠萝包	144	474	249	288	440
5	Word甜甜圈	410	342	244	201	227
6	Access法棍	334	293	199	192	392
7	Outlook老婆饼	416	344	185	227	137
8	工院小蛋挞	401	354	350	115	346
9						

图 5‒104　选择数据区域

❷ 单击【插入】菜单→【图表】功能组→【插入统计图表】下拉按钮→【排列图】选项，如图 5‒105 所示。

❸ 将图表标题修改为【周三销量】，如图 5‒106 所示。

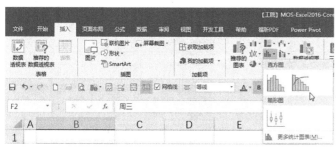

图 5‒105　【图表】功能组　　　　图 5‒106　插入并修改

【分析拓展】

在 Excel 2016 版中，新增了一些图表样式和图表功能，如直方图、树形图、箱形图、瀑布图、组合图等，而排列图便是其中之一。

任务4　使用文本函数提取文本

【任务描述】在【调查结果】工作表的 F5 单元格中，创建一个公式，以返回 E5 单元格最左侧的字符。

【考　　点】LEFT 函数。

【操作流程】

在【调查结果】工作表的 F5 单元格中输入 " =LEFT("，单击 E5 单元格，再输入 " ，

1"，然后按【Enter】键，如图 5－107 所示。

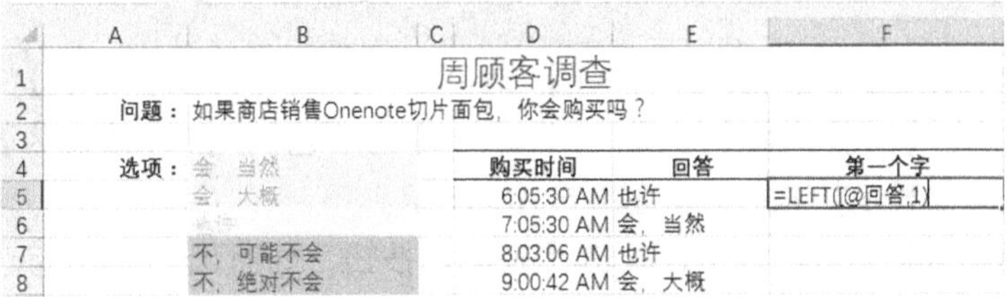

图 5－107　输入函数

【分析拓展】

Excel 处理数据时，往往需要截取单元格中的一部分内容。在 Excel 中，单元格内容截取函数有 LEFT、MID、RIGHT，它们的语法结构很相似，在实际中较为常用。

项目 10　工院考试中心

【项目概述】工院考试中心决定给在此次 Excel 数据处理竞赛中获奖的同学颁发印有工院 Excel Home 标志的纪念衫，而你现需统计整理获奖名单，如图 5－108 所示。

【源文件】工院 MOS－Excel 2016－Core－Project10

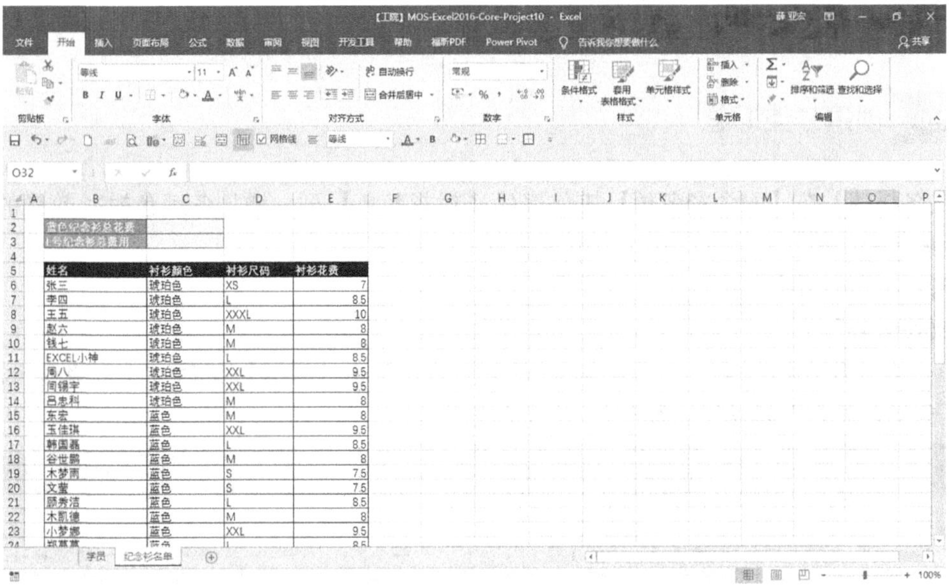

图 5－108　项目 10 基础数据

任务 1　替换数据

【任务描述】在【纪念衫名单】工作表【衬衫颜色】列，将所有的【琥珀色】替换为【金色】。

【考　　点】替换功能。

【操作流程】

❶ 选中【衬衫颜色】列，按【Ctrl +F】组合键，弹出【查找和替换】对话框，切换到【替换】选项卡，在【查找内容】文本框中输入【琥珀色】，在【替换为】文本框中输入【金色】，单击【全部替换】按钮，如图 5 - 109 所示。

❷ 在弹出的确认替换对话框中，单击【确定】按钮，如图 5 - 110 所示。

图 5 - 109　【查找和替换】对话框

图 5 - 110　确认替换对话框

❸ 返回【查找和替换】对话框，单击【关闭】按钮。

【分析拓展】

【查找和替换】功能在数据处理和文字处理中经常用到，除了最基本的符号替换之外，还可以按格式进行查找并替换为其他格式的内容。

任务2　创建分类汇总

【任务描述】在【纪念衫名单】工作表的【衬衫颜色】列，增加各颜色衬衫数量的小计。在衬衫颜色间增加分页。总计数应该出现在单元格 C52 中。

【考　　点】分类汇总。

【操作流程】

❶ 选中【纪念衫名单】工作表中的 B5 单元格，单击【数据】菜单→【分级显示】功能组→【分类汇总】工具按钮，如图 5 - 111 所示。

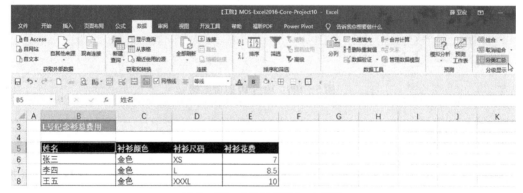

图 5 - 111　【分级显示】功能组

❷ 打开【分类汇总】对话框，选择【分类字段】为【衬衫颜色】，选择【汇总方式】为【计数】，在【选定汇总项】列表框中选中【衬衫颜色】复选框，再选中【每组数据分页】复选框，最后单击【确定】按钮，如图 5－112 所示。

❸ 完成效果如图 5－113 所示。

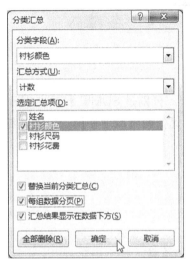

图 5－112　【分类汇总】对话框

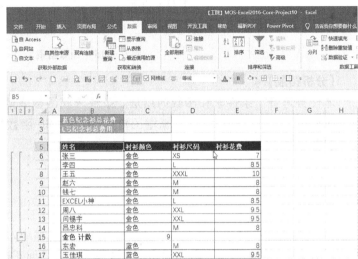

图 5－113　完成效果

【分析拓展】

【分类汇总】是 Excel 统计数据整理过程中的常用工具，功能强大，应用简便。然而，因该功能对源数据做了"再加工"，不利于后期继续处理，所以在一些较为复杂、数据量较大的统计工作中较少用到，往往是需要对已经定型的统计结果进行分类和汇总时用到，也会在处理中间数据时作为过渡工具而被使用。

任务 3　使用公式计算满足某条件数据的和

【任务描述】 在【纪念衫名单】工作表的 C2 单元格中，输入一个公式以返回"蓝色"衬衫的总花费。

【考　　点】 SUMIFS 函数。

【操作流程】

❶ 在【纪念衫名单】工作表的 C2 单元格中输入 "=SUMIFS("，选中 E6:E47 单元格区域，再输入 ","，选中 C6:C47 单元格区域，再输入 ""蓝色")"，如图 5－114 所示，最后按【Enter】键。

❷ 计算结果如图 5－115 所示。

图 5－114　输入函数

图 5－115　计算结果

【分析拓展】

本任务考查了条件求和函数的用法。条件求和函数有两个，分别是 SUMIF 和 SUMIFS，本任务使用了后者（Excel 2016 新增函数）。与 SUMIF 函数相比，两者原理相同，但语法结构中参数顺序不同。

任务4 使用公式计算满足某条件的数据个数

【任务描述】 在【纪念衫名单】工作表的 C3 单元格中，输入一个公式以返回 L 号衬衫的数量。即使有新增的数据或数据顺序发生改变，也能返回正确的结果。

【考　　点】 COUNTIFS 函数。

【操作流程】

❶ 在【纪念衫名单】工作表的 C3 单元格中输入"=COUNTIFS("，然后选择 D6:D47 单元格区域，再输入","L")"，如图 5－116 所示，最后按【Enter】键。

	A	B	C	D	E
1					
2		蓝色纪念衫总花费	¥110.00		
3		L号纪念衫总费用	=COUNTIFS(D6:D47,"L")		
4					
5		姓名	衬衫颜色	衬衫尺码	衬衫花费
6		张三	金色	XS	7
7		李四	金色	L	8.5
8		王五	金色	XXXL	10

图 5－116　输入函数

❷ 计算结果如图 5－117 所示。

	A	B	C	D	E
1					
2		蓝色纪念衫总花费	¥110.00		
3		L号纪念衫总费用	6		
4					
5		姓名	衬衫颜色	衬衫尺码	衬衫花费
6		张三	金色	XS	7
7		李四	金色	L	8.5
8		王五	金色	XXXL	10
9		赵六	金色	M	8

图 5－117　计算结果

【分析拓展】

本任务考查了条件计数函数的用法。条件计数函数有两个，分别是 COUNTIF 和 COUNTIFS（Excel 2016 新增函数），本任务使用了后者。需特别说明的是，两个函数的内容是一致的，但是在多条件计数的情况下，两者的语法结构不同，这一点类似于任务 3 中的 SUMIF 与 SUMIFS 函数，主要是函数中参数的顺序不同。

任务 5　设置页面分页

【任务描述】将【学员】工作表显示为页面布局视图。然后插入一个分页符，以使在【确认】列的值为【是】的学员出现在第一页。

【考　　点】视图切换、插入分页符。

【操作流程】

❶ 将光标置于【学员】工作表，单击【视图】菜单→【工作簿视图】功能组→【页面布局】工具按钮，如图 5－118 所示。

图 5－118　【工作簿视图】功能组

❷ 选中 A20 单元格，单击【页面布局】菜单→【页面设置】功能组→【分隔符】下拉按钮→【插入分页符】选项，如图 5－119 所示。

图 5－119　插入分页符

【分析拓展】

【插入分页符】可以使页面以插入点为界，将页面强行分为两页显示。掌握了【插入分页符】功能后，还必须学会【删除分页符】，具体方法是在插入了分页符的单元格下方，右击选择删除命令。

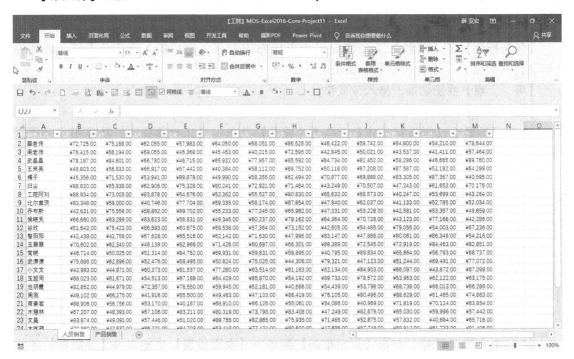

图 5 - 120　项目 11 基础数据

任务 1　快速分析求和

【**任务描述**】在【人员销售】工作表的最后增加一行数据，这行数据自动计算出 12 个月的总额。

【**考　　点**】增加汇总行。

【**操作流程**】

选中【人员销售】工作表的【12 月】列（M2:M28 单元格区域），单击右下角出现的【快速分析】按钮→【汇总】选项卡→【求和】工具按钮，如图 5 - 121 所示。

【**分析拓展**】

【快速分析】功能还可以通过菜单栏完成：选中【人员销售】工作表的【12 月】列（M2:M28 单元格区域），单击菜单栏中的【表格工具 - 设计】菜单→【表格样式选项】功能组→勾选【汇总行】复选框。

图 5 - 121　快速分析选项

任务 2　图表行/列互换

【任务描述】在【产品销售】工作表中，修改【Q1 销售额】图表，使得月份位于 x 轴，总销售额位于 y 轴。

【考　　点】切换行/列。

【操作流程】

❶ 选中【产品销售】工作表的【Q1 销售额】图表，单击【图表工具 - 设计】菜单→【数据】功能组→【切换行/列】工具按钮，如图 5 - 122 所示。

❷ 切换后的效果如图 5 - 123 所示。

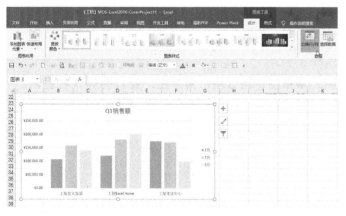

图 5 - 122　【数据】功能组

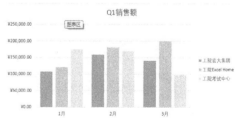

图 5 - 123　切换后的效果

【分析拓展】

在图表制作中，要注意区分水平轴/图例、行/列之间的关系：水平轴就是行，图例就是列，轴的数据交换就是【切换行/列】。

任务3　在图表中添加图例

【任务描述】在【月销售额】图表的右侧，增加标识数据系列的图例。不要对图表做其他更改。

【考　　点】增加图例。

【操作流程】

选中【产品销售】工作表中的【月销售额】图表，单击【图表工具－设计】菜单→【图表布局】功能组→【添加图表元素】下拉按钮→【图例】→【右侧】选项，如图5－124所示。

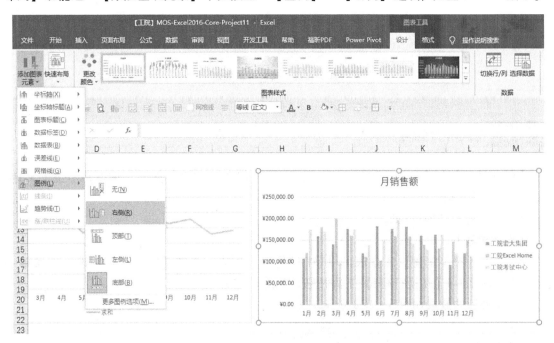

图5－124　添加图例

【分析拓展】

Excel 2016版新增了树形图、旭日图、瀑布图、箱形图、漏斗图、直方图等6种图表。同时，为加强图表制作功能，【添加图表元素】作为一个二级菜单出现，通过下拉按钮可以看到许多关于图表元素的增删、设计选项，在实际应用当中需要不断熟悉。

任务4　移动图表到图表工作表

【任务描述】移动【月总销售额】图表到单独的图表工作表，新工作表名称为【月总销售额】。

【考　　点】移动图表。

【操作流程】

❶ 选中【月总销售额】图表→【图表工具－设计】菜单→【位置】功能组→【移动图表】工具按钮，如图5－125所示。

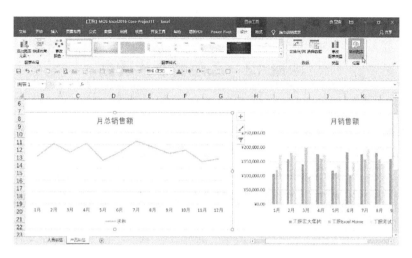

图 5 - 125　【移动图表】工具按钮

❷ 在【移动图表】对话框中，选中【新工作表】单选按钮，并在其后的文本框中输入【月总销售额】，如图 5 - 126 所示。

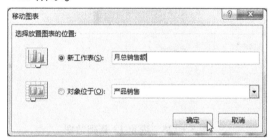

图 5 - 126　【移动图表】对话框

❸ 在完成效果如图 5 - 127 所示。

图 5 - 127　完成效果

【分析拓展】

【移动图表】功能可以将图表移动至工作簿中的其他工作表或标签中，使图表能够独立于源数据存放位置独立显示，图表界面更加简洁。

项目 12　工院春季招聘会

【项目概述】工院就业中心决定在今年第一季度召开春季专场招聘会，你是主要组织策划人员，正在创建此次招聘会的项目预算，如图 5-128 所示。

【源文件】工院 MOS - Excel 2016 - Core - Project12

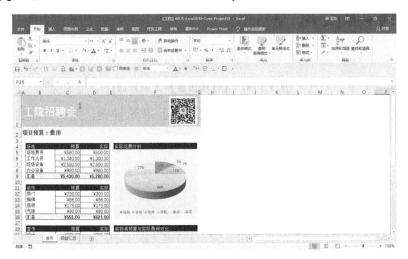

图 5-128　项目 12 基础数据

任务 1　为图片创建超链接

【任务描述】在【费用】工作表的二维码图片上增加一个超链接"http://zjc.gipc.edu.cn/"。

【考　　点】插入超链接。

【操作流程】

❶ 选中【费用】工作表中右上角的二维码图片，单击【插入】菜单→【链接】功能组→【链接】工具按钮，如图 5-129 所示。

图 5-129　【链接】功能组

❷ 打开【插入超链接】对话框，切换到【现有文件或网页】选项卡，在【地址】文本框中输入完整的链接地址【http://zjc.gipc.edu.cn/】，单击【确定】按钮，如图 5 – 130 所示。

图 5 – 130　【插入超链接】对话框

【分析拓展】

插入【链接】在 Excel 及其他 Office 系列软件中是一个较为实用的功能，常用于链接某个文档、文档中某个位置或外部网站，在本部分项目 1 的任务 4 中也有关于超链接的题型。

任务 2　显示公式

【任务描述】修改【损益汇总】工作表，使得工作表只显示公式而不显示值。

【考　　点】显示公式。

【操作流程】

❶ 选中【损益汇总】工作表→【公式】菜单→【公式审核】功能组→【显示公式】工具按钮，如图 5 – 131 所示。

图 5 – 131　【公式审核】功能组

② 完成效果如图 5 – 132 所示。

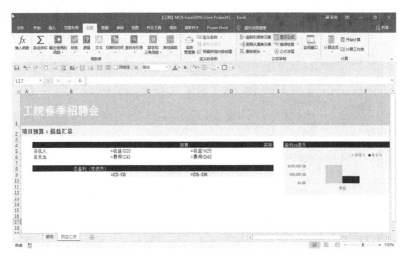

图 5 – 132　完成效果

【分析拓展】

【显示公式】功能在工作中并不常用，主要用来显示单元格中含有的公式，便于查看，避免在编辑时被其他内容覆盖。其快捷键是【Ctrl + ~】。其作用是全表，不需要去选取单元格范围。因此在编辑一张陌生表格前，使用该功能是很必要的。

任务3 显示/隐藏工作表

【任务描述】显示【费用】工作表和【损益汇总】工作表之间的【收入】工作表。

【考　　点】显示/隐藏工作表。

【操作流程】

① 在工作表标签上右击，选择【取消隐藏】命令，如图 5 – 133 所示。

② 在【取消隐藏】对话框中，选择【收益】选项，单击【确定】按钮，如图 5 – 134 所示。

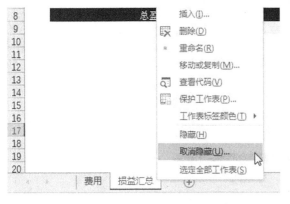

图 5 – 133　右键菜单

图 5 – 134　【取消隐藏】对话框

【分析拓展】

除使用右键【取消隐藏】命令外，还可通过菜单栏主功能区完成：单击【开始】菜单→【单元格】功能组→【格式】下拉按钮→【可见性】→【隐藏和取消隐藏】→【取消隐藏工作表】选项。

任务 4　设置打印范围

【任务描述】 设置【费用】工作表的 B4:D43 单元格，使得只有这些单元格被打印。

【考　　点】 设置打印区域。

【操作流程】

在【费用】工作表中选择 B4:D43 单元格区域，单击【页面布局】菜单→【页面设置】功能组→【打印区域】下拉按钮→【设置打印区域】选项，如图 5 – 135 所示。

图 5 – 135　【页面设置】功能组

【分析拓展】

【页面设置】 功能组常用于设置打印相关项，如页边距、纸张、打印区域、打印标题等，是日常办公当中不可或缺的功能组，其中有许多人性化设计。对这一功能组必须做到熟练应用。

任务5　扩大图表中的数据范围

【任务描述】 在【费用】工作表中，将【装饰】类别下的【实际】列数据增加到【装饰类预算与实际费用对比】图表中。

【考　　点】 修改图表数据范围。

【操作流程】

❶ 选中【费用】工作表中的【装饰类预算与实际费用对比】图表。通过紫色、红色、蓝色框选的范围可以看到"图表柱"使用的数据范围，将鼠标移动到蓝色框线的右下角，如图5 136所示。

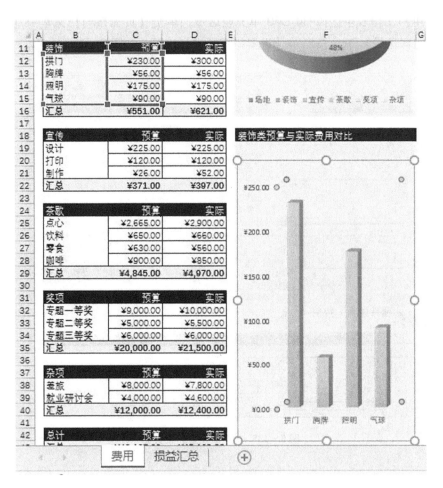

图5-136　选区准备

❷ 按住鼠标左键向右拖动，将【实际】列包含到其中，如图5-137所示。

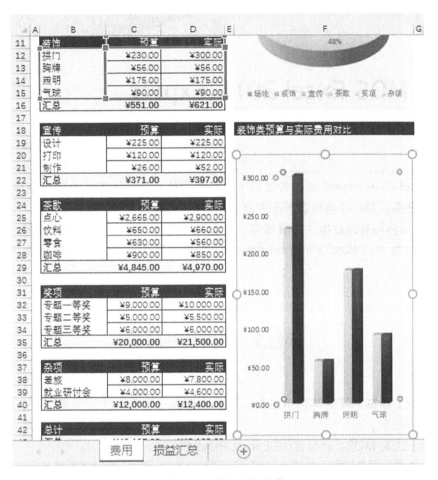

图 5 - 137　数据扩充完成

【分析拓展】

对于已经创建好的图表，如果工作表中有增加的数据，用户不必删除图表后重新创建，可以通过增加数据范围将新增的数据添加到图表中去，进而增加图表信息量，也加强了平行数据之间的对比。

第 6 章
06
MOS Excel 2016 Expert

MOS Excel 2016 Expert 每次考试约包含 5 个项目，项目从题库中随机抽取，每个项目包含 4 ~7 个任务，每个任务包含若干考点。

本章所有案例均有源数据供下载练习，读者可以通过下载学习通 APP 或登录学银在线（https://www.xueyinonline.com/）进行在线学习或下载课程有关数据素材。

项目 1　工院生鲜超市

【项目概述】你在工院生鲜超市工作，现正在制作一个 Excel 工作簿以分析产品销售情况，如图 6－1 所示。

【源文件】工院 MOS-Excel 2016-Expert-Project1

图 6－1　项目 1 基础数据

174

任务 1 　修改计算选项

【任务描述】修改工作簿计算选项，使得包含公式的单元格不显示修改值后的结果，直到手动重算或保存工作簿。

【考　　点】手动重算。

【操作流程】

❶ 单击【文件】菜单→【选项】选项，如图 6 - 2 所示。

❷ 打开【Excel 选项】对话框，切换到【公式】选项卡，在【计算选项】区域内选中【手动重算】单选按钮，单击【确定】按钮，如图 6 - 3 所示。

图 6 - 2 　【文件】菜单

图 6 - 3 　选中手动重算

【分析拓展】

【手动重算】功能一般用于确定工作表数据发生更改时是否执行重新计算。需要注意的是：

第一，如果工作表文件数据很多，在每输入 1 个数据后需要较长的时间进行计算，可以考虑把工作簿临时设置成"手动重算"，等待所有的数据输入完成后，再回到"自动重算"模式。因为工作表中有很多公式，每次更新一个数据都会自动重算，所以要等很长时间，因此建议临时设置成"手动重算"。

第二，自动重算不但在同一工作簿的不同工作表之间是相同的，而且在一个进程里所有的工作簿都是相同的，它取决于这个进程最早打开的那个工作簿的设置。但是，如果手动修改了其中一个工作簿的这个选项，那么本进程的所有工作簿同时更改。

> **任务2** 快速填充

【任务描述】在【销售明细】工作表中，用【一月】填充 A3:A117 单元格区域，不要更改单元格格式。

【考　　点】不带格式填充。

【操作流程】

❶ 在【销售明细】工作表中选中 A2 单元格，将光标移动到右下角并双击，如图 6-4 所示。

❷ 在出现的填充选项中选中【快速填充】单选按钮，如图 6-5 所示。

❸ 填充效果如图 6-6 所示。

图 6-4　选中填充源数据单元格

图 6-5　选择填充选项　　　　　图 6-6　填充效果

【分析拓展】

在 Excel 2016 中，【快速填充】是一项新增功能，它可以基于示例填充数据，功能强悍，以至于让用户抛弃分列功能和文本函数，如字符串提取、合并、重组、大/小写转换、添加分隔符等。在表格填写实践中，可以用到快速填充的地方远远不止以上这些。一般来说只要手动输入前 3 个填充结果，软件便会智能地"猜出"后续的填充结果。

> **任务3** 为数据添加货币符号

【任务描述】在【产品】工作表中，将 E3:E118 单元格区域中的数据设置为欧元格式，但不指定特定的语言或国家。欧元标记应在金额之前。不要创建自定义格式。

【考　　点】设置单元格格式。

【操作流程】

❶ 选中【产品】工作表中的 E3:E118 单元格区域,右击选择【设置单元格格式】命令,如图 6-7 所示。

图 6-7　右键菜单

❷ 打开【设置单元格格式】对话框,在【数字】选项卡的【分类】列表框中选择【货币】选项,选择【货币符号】为欧元格式→单击【确定】按钮,如图 6-8 所示。

图 6-8　【设置单元格格式】对话框

【分析拓展】

在主菜单功能区中也可以设置单元格格式:在【开始】菜单下的【数字】功能组和【单元格】功能组均可实现。在实践中,大多数情下都会选择使用右键菜单,这样更加高效一些。

任务4　应用公式提取当前日期和时间

【任务描述】在【产品】工作表的 H4 单元格中增加一个公式，以显示当前日期和时间。

【考　　点】NOW 函数。

【操作流程】

在【产品】工作表的 H4 单元格中输入"=NOW()"，如图6-9所示，按【Enter】键。

【分析拓展】

NOW 函数不需要设置参数。除直接输入外，也可以通过公式编辑栏左侧的【插入函数】工具按钮实现。

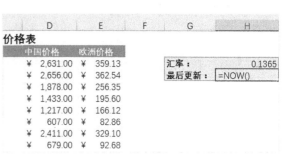

图6-9　输入函数

任务5　创建组合图表

【任务描述】在【销售情况】工作表中，增加一个图表，将销售情况以面积图显示，有机占比使用次坐标轴的折线图显示。

【考　　点】创建自定义组合图。

【操作流程】

❶ 选中【销售情况】工作表中的 A1:C13 单元格区域，单击【插入】菜单→【图表】功能组→【组合图】下拉按钮→【创建自定义组合图】选项，如图 6-10 所示。

❷ 选择【销售情况】的图表类型为【面积图】，选择【有机占比】的图表类型为【折线图】，勾选【有机占比】后的【次坐标轴】复选框，最后单击【确定】按钮，如图 6-11 所示。

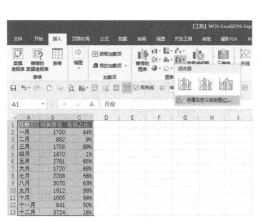

图6-10　【图表】功能组

图6-11　组合图选项

【分析拓展】

组合图表是 Excel 2016 的新增功能，它可以轻松实现柱形图、折线图、面积图等两种图表之间的组合显示。一般情况下，当图表数据差异较大或者存在混合类型数据时选用组合图来表现。

项目 2　工院果业公司

【项目概述】 你在工院果业公司工作，正在创建一个 Excel 工作簿用于产品后续生产与经营结构的改良，如图 6 - 12 所示。

【源文件】 工院 MOS - Excel 2016 - Expert - Project2

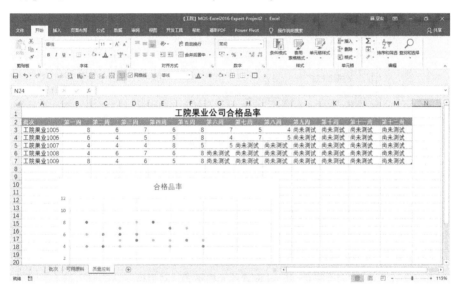

图 6 - 12　项目 2 基础数据

任务 1　设置单元格格式

【任务描述】 在【批次】工作表中，为 C 列和 D 列设置格式，使其数值显示 3 位小数。格式应用到已存在的行和新增行。

【考　点】 设置单元格格式。

【操作流程】

❶ 选中 C 列和 D 列，如图 6 - 13 所示。

	A	B	C	D
1	批次号	类型	开始比重	当前比重
2	工院果业1005	长相思	1.16	1.11
3	工院果业1006	增芳德	1.06	1.05
4	工院果业1007	霞多丽	1.11	1.06
5	工院果业1008	西万尼	1.08	1.00
6	工院果业1009	西拉	1.18	1.03
7				

图 6 - 13　选区操作

注意：选中整列时，应将鼠标放置在待选列上方的列标签并按住鼠标向右拖曳。选中整行的操作类似。

❷ 单击【开始】菜单→【数字】功能组展开按钮,如图6-14所示。

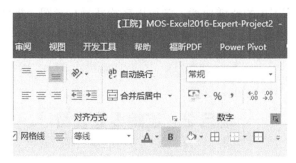

图6-14 【数字】功能组

❸ 打开【设置单元格格式】对话框,切换到【数字】选项卡,在【分类】列表框中选中【数值】选项,将【小数位数】设置为3,单击【确定】按钮,如图6-15所示。

图6-15 【设置单元格格式】对话框

【分析拓展】

对于数据条数较大的工作表,单元格格式(即单元格中数据的格式)设置合理与否,直接影响数据处理的效率和成功率。不同的数据类型须设置相对应的单元格格式,以减少"犯错"的概率。

任务2 设置自定义条件格式

【任务描述】在【质量控制】工作表中,对 A3:A7 单元格区域设置格式,使其在已测试的所有周的合格品率低于5时,填充50%灰色图案样式、红色图案颜色。

【考 点】自定义条件格式。

【操作流程】

❶ 选中【质量控制】工作表的 A3:A7 单元格区域,单击【开始】菜单→【样式】功能组→【条件格式】下拉按钮→【新建规则】选项,如图6-16所示。

图 6 - 16　【样式】功能组

❷ 打开【新建格式规则】对话框，选择【选择规则类型】为【使用公式确定要设置格式的单元格】，在【为符合此公式的值设置格式】文本框中输入 "=AVERAGE($ B3: $ M3)< 5"，单击【格式】按钮，如图 6 - 17 所示。

❸ 打开【设置单元格格式】对话框，切换到【填充】选项卡，选择【图案样式】为【50%灰色】，选择【图案颜色】为【红色】，单击【确定】按钮，如图 6 - 18 所示。

图 6 - 17　设置编辑规则

图 6 - 18　确定样式

❹ 返回【新建格式规则】对话框，单击【确定】按钮后完成设置，如图 6 - 19 所示。

【分析拓展】

【条件格式】功能在 Excel 中看似不起眼，但事实上非常"灵动"，堪称"魔术师"。【条件格式】本身自带 5 种内置规则，再加上自定义规则，可以让数据有成千上万种变化。大体上分为：满足条件的单元格突出显示（如重复值、唯一值、前后局部值、空值等），数据图形可视化（如数据条、双色正负值、渐变分布、图标集等），自定义实现复杂条件设置（如整行标识、隔行标识、多条件样式、关键词匹配等）。需要注意的是，条件格式规则繁复，须熟悉条件规则后，才能更好、更准确地应用，以达到突出显示的目的。

图6-19　确定规则

任务3　查询加载文档

【任务描述】在【可用原料】工作表中，使用查询来加载源数据目录下的"工院果业公司_采购记录.xlsx"工作簿到以A1单元格开始的单元格区域。仅包括【种类】、【地址】和【原始公升数】列。

【考　　点】Power Query组件。

【操作流程】

❶ 选中【可用原料】工作表，单击【数据】菜单→【获取和转换】功能组→【新建查询】下拉按钮→【从文件】→【从工作簿】选项，如图6-20所示。

图6-20　【获取和转换】功能组

❷ 在【导入数据】对话框中，选中【工院果业公司_采购记录.xlsx】文件，单击【导入】按钮，如图6-21所示。

❸ 在【导航器】窗格中，选中【Sheet1】选项，单击【编辑】按钮，如图6-22所示。

图 6 – 21　【导入数据】对话框

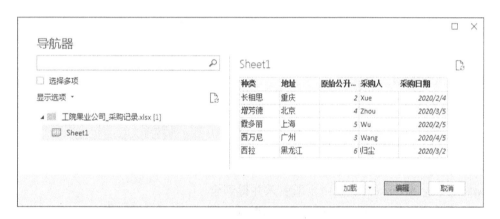

图 6 – 22　【导航器】窗格

④ 进入【Power Query 编辑器】界面，单击【开始】菜单→【管理列】功能组→【选择列】下拉按钮→【选择列】选项，如图 6 – 23 所示。

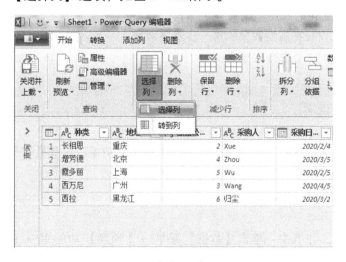

图 6 – 23　【管理列】功能组

⑤ 打开【选择列】对话框，选中题目要求的列字段，即【种类】、【地址】、【原始公升数】，单击【确定】按钮，如图 6 - 24 所示。

⑥ 单击【开始】菜单→【关闭】功能组→【关闭并上载】下拉按钮→【关闭并上载至…】选项，如图 6 - 25 所示。

图 6 - 24 【选择列】对话框

图 6 - 25 上载数据选项

⑦ 在【加载到】对话框中，选择【选择应上载数据的位置】为【现有工作表】，并输入 "$A$1"，单击【加载】按钮，如图 6 - 26 所示。

【分析拓展】

Power Query 是 Excel 2016 中全新引入并得到全面加强的数据处理与分析组件，是目前桌面级数据处理的首选。Power Query（简称 PQ）是对传统 Excel 数据处理流程的再造，更专业化、更自动化，其函数覆盖了传统 Excel 函数的绝大多数（除了统计、财务、工程等专业函数）。非专业化的通用数据处理操作，全部可以用 PQ 解决。因此，现在拿到数据的第一步就要考虑用 PQ 导入，然后在 PQ 里进行数据变换。

图 6 - 26 【加载到】对话框

任务4 单变量求解

【任务描述】在【批次】工作表中，使用 Excel 预测功能，计算批次号【工院果业 1005】的目标比重，以使得【最终酒精百分比】是 15%。

【考　　点】单变量求解。

【操作流程】

① 在【批次】工作表中，单击【数据】菜单→【预测】功能组→【模拟分析】下拉按钮→【单变量求解】选项，如图 6 - 27 所示。

❷ 在【单变量求解】对话框中，【目标单元格】选择为 G2，在【目标值】文本框中输入 15％，【可变单元格】选择为 E2，单击【确定】按钮，如图 6－28 所示。

图 6－27　【预测】功能组

图 6－28　【单变量求解】对话框

❸ 打开【单变量求解状态】对话框，单击【确定】按钮，如图 6－29 所示。

【分析拓展】

【单变量求解】功能是在给定公式的情况下，通过调整可变单元格中的数值寻找目标单元格中的目标值。在销售分析里，我们可以利用【单变量求解】分析出某种产品在什么样的销量下利润能达到最大。需要注意的是，目标单元格一定要含有公式。

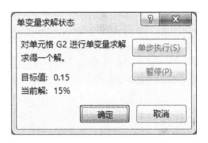

图 6－29　求解状态

任务5　添加趋势线

【任务描述】 在【质量控制】工作表的图表中添加一个线性趋势线，使其预测批次【工院果业 1005】到第十二周的合格品率。

【考　　点】 添加趋势线，并向前推 n 个周期。

【操作流程】

❶ 在【质量控制】工作表中选中图表的【工院果业 1005】，如图 6－30 所示。

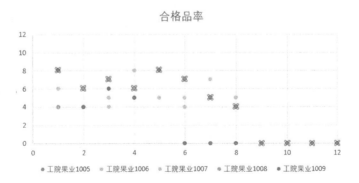

图 6－30　选中图表

❷ 拖拽右下角选区控制点，仅选中【工院果业 1005】有数据的区域，如图 6－31 所示。

批次	第一周	第二周	第三周	第四周	第五周	第六周	第七周	第八周	第九周
工院果业1005	8	6	7	6	8	7	5	4	尚未测试
工院果业1006	6	4	5	5	8	4	7	5	尚未测试
工院果业1007	4	4	4	8	5	5	尚未测试	尚未测试	尚未测试
工院果业1008	4	6	7	6	8	尚未测试	尚未测试	尚未测试	尚未测试
工院果业1009	8	4	6	5	8	尚未测试	尚未测试	尚未测试	尚未测试

图6-31 拖拽选区

❸ 在图表上，选中【工院果业1005】，右击选择【添加趋势线】命令，如图6-32所示。

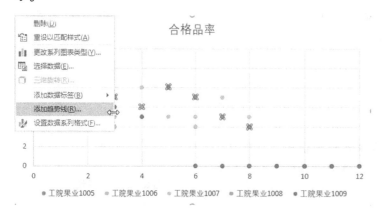

图6-32 右键菜单

图6-33 设置趋势线格式

❹ 在【设置趋势线格式】面板中，选择【趋势线选项】为【线性】，在【趋势预测】选项区域中的【前推】文本框中，输入【4.0】周期，如图6-33所示。

【分析拓展】

在数据处理工作中，添加趋势线可以让一个变量随另一个变量的变化趋势更加明显，并通过线性的方式直观地表示出来。当然，这种预测是基于图表中的有限个数据的简单预测，存在一定的误差。一般来说，更为准确的预测需要大量基础数据（即数据样本）的支撑。

任务6　更改表名称

【任务描述】在【质量控制】工作表中，将表格名称【A2】更改为【周合格率】。

【考　　点】更改表名称（注意：与重命名工作表标签完全不同）。

【操作流程】

将光标置于【质量控制】工作表的A2单元格，单击【表格工具-设计】菜单→【属性】功能组，在【表名称】文本框中输入"周合格品率"，如图6-34所示。

【分析拓展】

本任务中所指的表为带有自动样式的表，与工作表标签的名称是不一样的。当然，在实际工作中，工作表标签数量很大时，往往需要提取工作表名称，则需要更高级的操作，如宏命令（如 GET. WORKBOOK）、数组函数（如 CELL、FILENAME、FIND 等），方法不一而足，但都较为复杂。

图 6-34　更改表名称

项目 3　工院宏大药业

【项目概述】工院宏大药业公司正在进行一种新药研发。你使用一个 Excel 工作簿记录和分析实验数据，如图 6-35 所示。

【源文件】工院 MOS – Excel 2016 – Expert – Project2

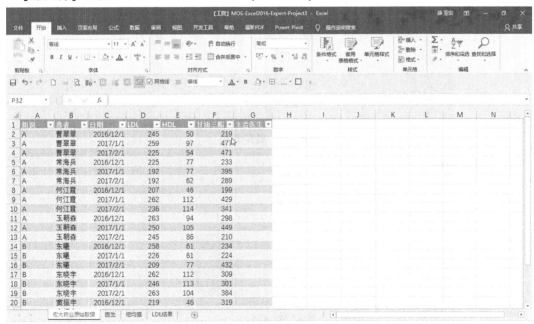

图 6-35　项目 3 基础数据

任务1	修改数据透视图

【任务描述】在【LDL结果】工作表中，修改图表，使其仅显示B组几个成员的逐月数据。

【考　　点】修改数据透视图。

【操作流程】

❶ 在【LDL结果】工作表中，单击数据透视表【行标签】字段下拉按钮，在打开的面板中取消选中【A】复选框，单击【确定】按钮，如图6-36所示。

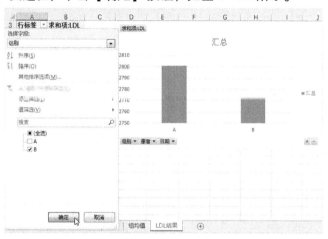

图6-36　选择字段

❷ 单击【B】前的加号按钮展开显示下属成员，如图6-37所示。

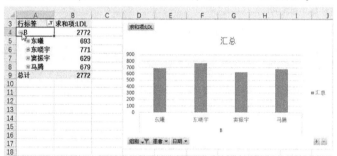

图6-37　展开B组

❸ 调整效果如图6-38所示。

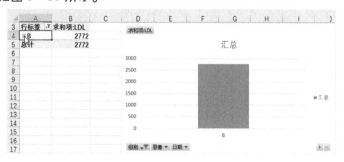

图6-38　调整效果

【分析拓展】

【数据透视图/表】可以称得上是 Excel 提升数据处理与分析效率的神器，通过简单的拖拽（筛选器、行、列、值 4 个字段）就能完成各个维度数据的分类汇总，是 Excel 的精髓所在，是除了函数、PowerBI（交互式数据可视化工具）之外 Excel 最为核心的组件之一，需要长期训练体会。

任务 2　为数据透视表增加切片器

【任务描述】 在【组均值】工作表中，增加一个切片器，允许用户交互式地限制数据透视图展示的行，将其限制为特定 HDL 值。

【考　　点】 插入切片器。

【操作流程】

❶ 将光标置于【组均值】工作表的任意单元格，单击【数据透视表工具 – 分析】菜单→【筛选】功能组→【插入切片器】工具按钮，如图 6 – 39 所示。

❷ 打开插入切片器，选中【HDL】复选框，单击【确定】按钮，如图 6 – 40 所示。

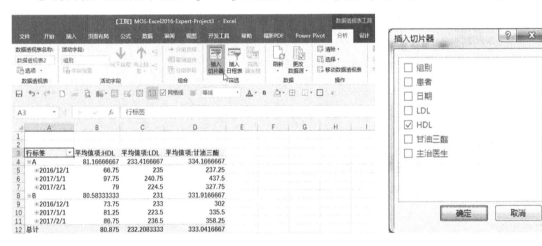

图 6 – 39　【筛选】功能组　　　　　　　图 6 – 40　插入切片器

【分析拓展】

在 Excel 2016 中，切片器被单独放置在插入选项卡中，也就是说在不使用数据透视表时也能使用切片器，给数据筛选提供了很大的便捷，可以轻松地实现如动态图表、需要反复切换数据及与之相关联的图表等有关操作。可以说，切片器是数据透视图/表功能之下的一把"魔术刀"。

任务 3　移除数据透视表中的总计行

【任务描述】 在【组均值】工作表中，从数据透视表中移除总计行。

【考　　点】 取消总计显示。

【操作流程】

将光标置于【组均值】工作表中数据透视表的任意单元格中，单击【数据透视表工具 –
设计】菜单→【布局】功能组→【总计】下拉按钮→【对行和列禁用】选项，如图6–41
所示。

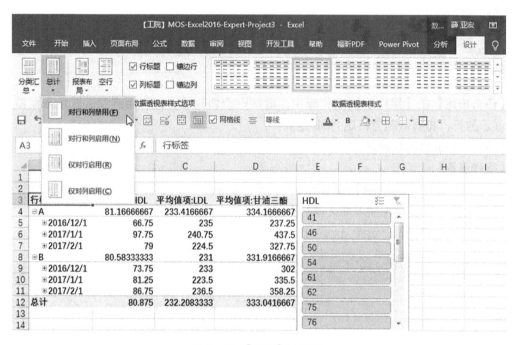

图6–41 【布局】功能组

【分析拓展】

在工作中经常需要根据基础数据统计汇总报表，可通过 Excel 工作表中的数据透视表快
速汇总统计数据，而取消总计行会让透视表更为简洁。

任务4 插入组合框控件

【任务描述】在【宏大药业原始数据】工作表中，将一个组合框控件链接到 G2 单元格。
它应显示【医生】工作表上 A 列的三个名字。

【考   点】开发工具、插入组合框。

【操作流程】

❶ 单击【文件】菜单→【选项】选项。

❷ 打开【Excel 选项】对话框，切换到【自定义功能区】选项卡，选中【开发工具】复
选框，单击【确定】按钮，可见添加到菜单栏，如图6–42所示。

❸ 在【宏大药业原始数据】工作表中，单击【开发工具】菜单→【插入】下拉按钮→
【组合框】选项，插入到 G2 单元格处，如图6–43 所示。

图 6－42　自定义功能区

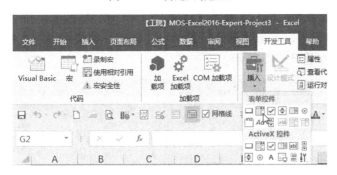

图 6－43　插入组合框

注意：插入组合框类似于插入文本框，需按住鼠标拖动绘制生成。

④ 在组合框上右击，选择【设置控件格式】命令，如图 6－44 所示。

	A	B	C	D	E	F	G	H	I
1	组别	患者	日期	LDL	HDL	甘油三酯	主治医生		
2	A	曹翠翠	2016/12/1	245	50	219			
3	A	曹翠翠	2017/1/1	259	97	477	剪切(T)		
4	A	曹翠翠	2017/2/1	225	54	471	复制(C)		
5	A	常海兵	2016/12/1	225	77	233	粘贴(P)		
6	A	常海兵	2017/1/1	192	77	395			
7	A	常海兵	2017/2/1	192	62	289	组合(G)		
8	A	何江霞	2016/12/1	207	46	199	叠放次序(R)		
9	A	何江霞	2017/1/1	262	112	429	指定宏(N)...		
10	A	何江霞	2017/2/1	236	114	341	设置控件格式(F)...		

图 6－44　右键菜单

⑤ 在【设置对象格式】对话框的【控制】选项卡中，选择【数据源区域】为【医生】工作表的 A1:A3 单元格区域，选择【单元格链接】为【宏大药业原始数据】工作表的 G2 单元格，单击【确定】按钮，如图6–45所示。

【分析拓展】

【开发工具】是在 Excel 中进行二次开发的工具组，主要是用于宏（VBA 代码编程）、插入窗体、插入控件等，以解决 Office 没有提供的功能，是 Excel 的高级应用组件。

图 6–45　组合框设置

任务5　设置条件格式

【任务描述】 在【宏大药业原始数据】工作表中，对 E 列应用条件格式。当 HDL 值小于 40 时显示红色圆圈、值大于等于 40 小于 70 时显示黄色圆圈、大于等于 70 时显示绿色圆圈。格式应用已存在的行和新增行。

【考　　点】 新建规则。

【操作流程】

❶ 在【宏大药业原始数据】工作表中选中 E2:E25 单元格区域，按【Ctrl +Shift +↓】组合键，选中下方的单元格，单击【开始】菜单→【样式】功能组→【条件格式】下拉按钮→【新建规则】选项，如图 6–46 所示。

图 6–46　新建规则

❷ 在【新建格式规则】对话框中，选择【选择规则类型】为【基于各自值设置所有单元格的格式】，选择【格式样式】为【图标集】，选择【图标样式】为三色交通灯（无边框），在【值】文本框分别输入 70、40，并选择【类型】为【数字】，单击【确定】按钮，如图 6–47 所示。

图 6-47　规则设置

【分析拓展】

【条件格式】功能用途很多，如任务跟踪、特殊筛选、单元格美化等。总体上根据数据的不同，做出不同的标记，便于区分和识别，其根本目的就是便于数据管理与分析。

在本任务中，应用了组合键【Ctrl + Shift + ↓】（或【Ctrl + Shift + ↑】）。其功能是基于某单元格向下（或向上）选择整列，按下一次选择有数据区域，再按一次则继续向下（或向上）选择所有纵向空白域。【Ctrl + Shift + ←】及【Ctrl + Shift + →】同理，是基于某单元格或区域向左或向右选择整行。

项目 4　工院宏大集团保险公司

【项目概述】你在工院宏大集团保险公司工作，正在准备一个可以生成客户报价的工作簿，如图 6-48 所示。

【源文件】工院 MOS - Excel 2016 - Expert - Project4

图 6-48　项目 4 基础数据

【任务描述】 预售折扣月收费计算公式为"基础价格+（参与者-1）×每个额外收取"。"基础价格"和"每人额外收取"的数值位于【价格】工作表。在【价格计算器】工作表的B6单元格，增加一个使用INDEX函数的公式，检索"基础价格"和"每个额外收取"并计算"预售折扣月收费"。

【考　　点】 INDEX函数。

【操作流程】

在【价格计算器】工作表的B6单元格中输入"=INDEX("，选中【价格】工作表的B2:B5单元格区域，然后输入",B3)+(B3-1)*INDEX("，选中【价格】工作表的C2:C5单元格区域，再输入",B3)"，如图6-49所示，按【Enter】键。

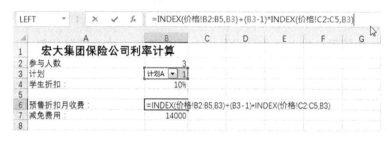

图6-49　输入公式

【分析拓展】

INDEX函数的语法结构为"=INDEX（array，row_num，[column_num]）"，其中，array为指定单元格或区域，row_num为行参数，column_num为列参数。行（或列）参数互为可选，即两者选其一，也可以同时存在，但前提是统一单元格，否则返回错误值。需特别说明的是，INDXE函数与其他函数如VLOOKUP、MATCH等，配合使用时能够发挥出更强的功能。

【任务描述】 保护工作簿，用户要增加、删除、修改工作表，必须输入密码，否则无法操作。

【考　　点】 工作簿保护。

【操作流程】

❶ 单击【审阅】菜单→【保护】功能组→【保护工作簿】工具按钮，如图6-50所示。

图6-50　【保护】功能组

❷ 在【保护结构和窗口】对话框中，输入【密码】，单击【确定】按钮，如图 6–51 所示。

❸ 进入【确认密码】对话框，在【重新输入密码】文本框中再次输入刚才的密码，单击【确定】按钮，如图 6–52 所示。

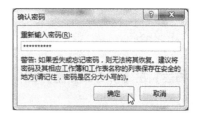

图 6–51　【保护结构和窗口】对话框　　　　图 6–52　确认密码

【分析拓展】

【保护工作簿】功能是用来锁定工作簿中的部分或全部内容，但只是保护其结构不变，如工作表的个数以及位置。若只希望用户填写需要填写的地方，其他地方不能改，则可以用【保护工作表】工具。

任务 3　设置宏安全性

【任务描述】仅启用有数字签名的宏。

【考　　点】信任中心设置。

【操作流程】

❶ 单击【文件】菜单→【选项】选项，如图 6–53 所示。

❷ 打开【Excel 选项】对话框，切换到【信任中心】选项卡，单击【信任中心设置】按钮，如图 6–54 所示。

❸ 打开【信任中心】对话框，切换到【宏设置】选项卡，单击【确定】按钮，如图 6–55 所示。

❹ 返回【Excel 选项】对话框，单击【确定】按钮完成设置。

图 6–53　【文件】菜单

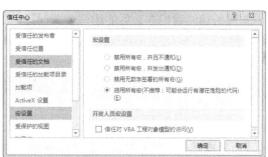

图 6–54　【Excel 选项】对话框　　　　图 6–55　【信任中心】对话框

【分析拓展】

在使用 Excel 时，有时会遇到设有宏的工作表，会有一些功能无法启动，这时就需要在【信任中心】进行设置。另外，常常会遇到针对 ActiveX 的问题，也可以在【信任中心】里调整相关设置，以控制其访问计算机，即允许或阻止其代码访问计算机。

任务4 定义名称

【任务描述】 在【价格计算器】工作表中，将 B4 单元格命名为 "折扣数"。在工作簿范围创建名称。

【考 点】 定义名称。

【操作流程】

❶ 选中【价格计算器】工作表的 B4 单元格，单击【公式】菜单→【定义的名称】功能组→【定义名称】工具按钮，如图 6-56 所示。

❷ 打开【新建名称】对话框，在【名称】文本框中输入 "折扣数"，单击【确定】按钮，如图 6-57 所示。

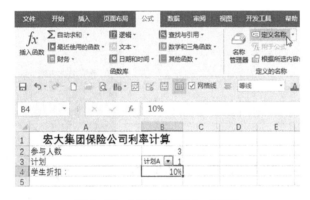

图 6-56 【定义的名称】功能组

图 6-57 新建名称

【分析拓展】

【定义名称】是 Excel 中一个非常有用的功能。一般有以下几种用法：①把一个单元格区域定义为一个名称，引用这个区域时，可直接使用该名称；②把一个公式定义为某个名称时，重复使用这个公式时，可直接使用该名称；③使用定义名称，可打破函数 30 个参数的限制；④宏表函数需要定义名称，才能使用。总之，就是为一个区域、常量值或者数组定义一个名称，这样的话，我们在之后的编写公式时可以很方便地用所定义的名称进行编写。

项目5 工院宏大集团数据服务中心

【项目概述】 你在工院宏大集团数据服务中心工作，正在创建一个数字表格用以分析数据并制订商业计划，如图 6-58 所示。

【源文件】工院 MOS – Excel 2016 – Expert – Project5

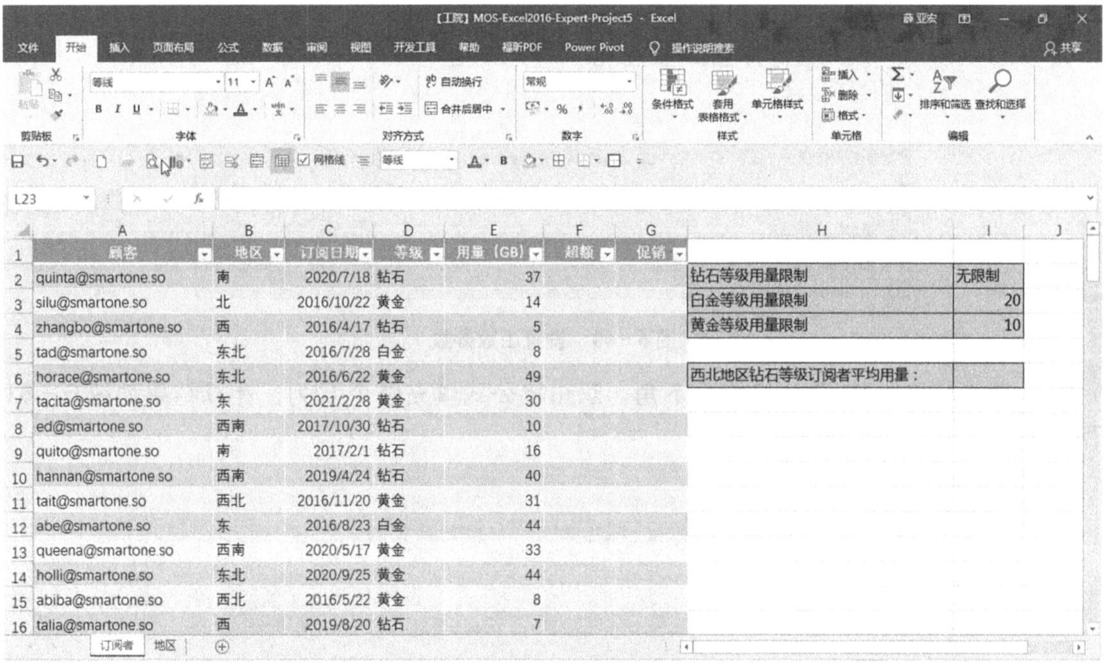

图 6 – 58　项目 5 基础数据

任务 1　使用公式计算用量

【任务描述】在【订阅者】工作表的 F 列，使用一个公式，使得如果用户超过了用量限制显示 TURE，否则，显示 FALSE。公式中必须使用 AND 和 OR 函数。

【考　　点】逻辑函数 AND、OR 的应用。

【操作流程】

❶ 选中【订阅者】工作表中的 F2 单元格，单击【公式】菜单→【插入函数】工具按钮，如图6–59所示。

图 6 – 59　插入函数

❷ 在【插入函数】对话框中搜索 OR 函数，单击【转到】按钮，再单击【确定】按钮。打开【函数参数】对话框，输入条件参数，单击【确定】按钮，如图 6–60 所示。

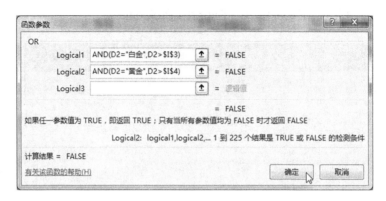

图 6 - 60　设置函数参数

❸ 将光标移动到 F2 单元格右下角，双击将公式填充整个 F 列，计算结果如图 6 - 61 所示。

	A	B	C	D	E	F	G
1	顾客 ▼	地区 ▼	订阅日期 ▼	等级 ▼	用量（GB）▼	超额 ▼	促销 ▼
2	quinta@smartone.so	南	2020/7/18	钻石	37	FALSE	
3	silu@smartone.so	北	2016/10/22	黄金	14	TRUE	
4	zhangbo@smartone.so	西	2016/4/17	钻石	5	FALSE	
5	tad@smartone.so	东北	2016/7/28	白金	8	TRUE	
6	horace@smartone.so	东北	2016/6/22	黄金	49	TRUE	
7	tacita@smartone.so	东	2021/2/28	黄金	30	TRUE	
8	ed@smartone.so	西南	2017/10/30	钻石	10	FALSE	
9	quito@smartone.so	南	2017/2/1	钻石	16	FALSE	
10	hannan@smartone.so	西南	2019/4/24	钻石	40	FALSE	

图 6 - 61　计算结果

【分析拓展】

本任务考查了两个常用逻辑函数的用法：第 1 个是"逻辑或"函数 OR，即其任一参数为真，则结果为真，返回 TURE；第 2 个是"逻辑与"函数 AND，即当且仅当所有参数均为真时才为真，否则为假。此外，本任务函数应用采用插入法，即通过主菜单栏【插入函数】工具完成，如果对函数掌握较为熟练，则可以直接在 F2 单元格内输入函数 "=OR（AND（D2 ="白金"，D2 >$I$3），AND（D2 ="黄金"，D2 >$I$4））"，按【Enter】键完成计算。

任务 2　使用公式计算满足多个条件的平均值

【任务描述】在【订阅者】工作表的 I6 单元格中，使用一个条件平均函数，计算西南地区钻石等级订阅者的平均用量。

【考　　点】AVERAGEIFS 函数（多条件平均）。

【操作流程】

在【订阅者】工作表的 I6 单格中输入 "=AVERAGEIFS（E2:E123,B2:B123），"西南"，D2:D123,"钻石"）"，如图 6 - 62 所示，然后按【Enter】键完成计算。

图 6-62　输入函数

【分析拓展】

AVERAGEIFS 是多条件平均函数，其平行条件允许设置多达 200 多个，日常中我们所用到的参数通常在 2~5 个。当然，多条件类函数在数据透视表中操作会更加直观。

任务 3　使用公式返回数据

【任务描述】数据透视表已经被增加到数据模型中。在【地区】工作表的 H3 单元格中，使用 GETPIVOTDATA 函数来计算东北地区白金级别订阅者的数量。

【考　　点】GETPIVOTDATA 函数的用法。

【操作流程】

❶ 选择数据透视表中的【东北】行标签，右击选择【展开/折叠】→【展开整个字段】命令，如图 6-63 所示。

❷ 选中 H3 单元格，单击【公式】菜单→【插入函数】工具按钮。在【插入函数】对话框的【搜索函数】文本框中输入 GETPIVOTDATA，单击【转到】按钮，再单击【确定】按钮。

❸ 打开【函数参数】对话框，在【Data_field】文本框中填写【顾客】，在【Pivot_table】文本框中填写【A3】，在【Field1】文本框中填写【"地区"】，在【Item1】文本框中填写【"东北"】，在【Field2】文本框中填写【"等级"】，在【Item2】文本框中填写【"白金"】，单击【确定】按钮，如图 6-64 所示。

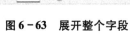

图 6-63　展开整个字段

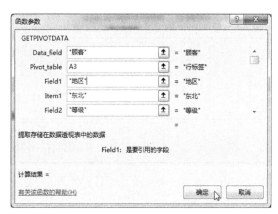

图 6-64　设置函数参数

❹ 提取结果如图6-65所示。

| H3 | ▼ | × ✓ fx | =GETPIVOTDATA("顾客",A3,"地区","东北","等级","白金") |

	A	B	C D E F	G	H	I
1						
2						
3	行标签 ▼	计数项:顾客		东北地区白金级别订阅者的数量：	10	
4	⊟北					
5	⊞白金	10				
6	⊞黄金	5				
7	北 汇总	15				
8	⊟东					
9	⊞白金	10				
10	⊞黄金	5				
11	东 汇总	15				
12	⊟东北					
13	⊞白金	10				
14	⊞黄金	5				

图6-65   提取结果

【分析拓展】

GETPIVOTDATA 函数可以用以返回存储在数据透视表中的数据，也可以用于获取某个项目的汇总数据。语法结构为 GETPIVOTDATA（Data_field，Pivot_table，Field1，Item1，Field2，Item2，…）。如果对函数非常熟悉，也可在 H3 单元格内直接输入"=GETPIVOTDATA（"顾客"，A3，"地区"，"东北"，"等级"，"白金"）"，提取工作更为高效。

任务4   创建数据透视图

【任务描述】在【地区】工作表中，创建簇状柱形透视图，以展示每个地区"钻石"级别和"白金"级别订阅者的数量。

【考   点】数据透视图。

【操作流程】

❶ 单击【数据透视表工具-分析】菜单→【数据透视图】按钮。

❷ 在【插入图表】对话框中，切换到【柱形图】选项卡，选择【簇状柱形图】选项，单击【确定】按钮，如图6-66所示。

图6-66   插入图表

③ 单击数据透视图右下角的【＋】、【－】按钮各一次，单击左下角的【等级】下拉按钮，在打开的面板中取消选中的【黄金】复选框，单击【确定】按钮，如图 6-67 所示。

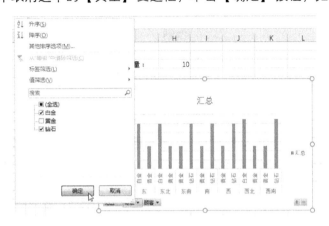

图 6-67　设置图表

④ 完成效果如图 6-68 所示。

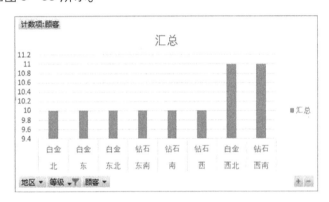

图 6-68　完成效果

【分析拓展】

数据透视图为数据透视表的图形显示效果，利用创建好的数据透视表可以快速创建与之相应的数据透视图。它能够以图形的方式汇总数据、呈现复杂数据，可以从全局角度出发，更加直观地把控大批量数据的变化规律和趋势，在实际工作中十分常用。

任务 5　函数嵌套

【任务描述】 在【订阅者】工作表的 G 列中，使用一个公式，使得 "钻石" 等级或 "白金" 等级并且在 "东北" 地区的订阅者显示【促销 A】，其他情况均显示【促销 B】。

【考　　点】 函数嵌套。

【操作流程】

❶ 在【订阅者】工作表的 G2 单元格中输入 "= IF (AND (OR (D2 ="钻石", D2 ="白金") ,"B2 =东北") ,"促销 A","促销 B") "，如图 6-69 所示。

F	G	H	I	J
超额	促销			
FALSE	=IF(AND(OR(D2="钻石",D2="白金"),B2="东北"),"促销A","促销B")			
TRUE		白金等级用量限制	20	
FALSE		黄金等级用量限制	10	
TRUE				
TRUE		西北地区钻石等级订阅者平均用量：	30.6364	

图 6－69　输入函数

❷ 按【Enter】键后，将光标移动到 G2 单元格的右下角，双击填充到 G 列其他有数据的单元格。完成效果如图 6－70 所示。

	A	B	C	D	E	F	G
1	顾客	地区	订阅日期	等级	用量（GB）	超额	促销
2	quinta@smartone.so	南	2020/7/18	钻石	37	FALSE	促销B
3	silu@smartone.so	北	2016/10/22	黄金	14	TRUE	促销B
4	zhangbo@smartone.so	西	2016/4/17	钻石	5	FALSE	促销B
5	tad@smartone.so	东北	2016/7/28	白金	8	TRUE	促销A
6	horace@smartone.so	东北	2016/6/22	黄金	49	TRUE	促销B
7	tacita@smartone.so	东	2021/2/28	黄金	30	TRUE	促销B
8	ed@smartone.so	西南	2017/10/30	钻石	10	FALSE	促销B
9	quito@smartone.so	南	2017/2/1	钻石	16	FALSE	促销B
10	hannan@smartone.so	西南	2019/4/24	钻石	40	FALSE	促销B
11	tait@smartone.so	西北	2016/11/20	黄金	31	TRUE	促销B
12	abe@smartone.so	东	2016/8/23	白金	44	TRUE	促销B
13	queena@smartone.so	西南	2020/5/17	黄金	33	TRUE	促销B
14	holli@smartone.so	东北	2020/9/25	黄金	44	TRUE	促销B
15	abiba@smartone.so	西北	2016/5/22	黄金	8	TRUE	促销B
16	talia@smartone.so	西	2019/8/20	钻石	7	FALSE	促销B

图 6－70　完成效果

【分析拓展】

IF 函数是 Excel 中的条件判断函数，它由条件与两个返回结果组成，当条件成立时，返回真，否则返回假。IF 函数中的条件既可以是单条件，也可以是多条件。多条件组合有 3 种方式：第 1 种为多个 IF 嵌套，第 2 种为用 AND（或 *）组合多个条件，第 3 种为用 OR（或 +）组合多个条件。用 AND（或 *）组合条件是“与”的关系，用 OR（或 +）组合条件是“或”的关系，它们的写法比 IF 嵌套简单。

在这里，用 * 或 + 代替 AND 或 OR 是一种简便用法，如“AND(A1 ="女",B1 >=80,C1 >=90)”可以写为“(A1 ="女")*(B1 >=80)*(C1 >=90)”。OR 函数的用法类似。

项目 6　工院宏大集团影视服务中心

【项目概述】你在工院宏大集团影视服务中心工作，正在统计去年影视服务周边的销售情况，如图 6－71 所示。

【**源文件**】工院 MOS－Excel 2016－Expert－Project6

图 6－71　项目 6 基础数据

任务 1　**对数据透视图增加筛选项**

【**任务描述**】在【销售数据透视图】工作表中，对数据透视表增加【T－shirt 单价】字段作为筛选项。

【**考　　点**】筛选数据透视图。

【**操作流程**】

❶ 在【销售数据透视图】工作表的右侧【数据透视图字段】面板中，选中【T－shirt 单价】字段拖动到【筛选】处，如图 6－72 所示。

图 6－72　拖动字段

❷ 完成效果如图 6－73 所示。

	A	B	C	D
1	T-shirt单价	(全部)		
2				
3	行标签	求和项:T-shirt销售	求和项:鸭舌帽销售	求和项:海报销售
4	⊞1月	4636	2839	3105
5	⊞2月	6249	5007	3268
6	⊞3月	665	3411	910
7	⊞4月	4349	4885	3769
8	⊞5月	4176	4250	3276
9	⊞7月	3412	844	2353
10	⊞8月	9492	5372	6620
11	⊞9月	4367	991	4431
12	⊞11月	9369	7721	11344
13	总计	46715	35320	39076

图 6－73　完成效果

【分析拓展】

数据透视表生成之后，菜单上将会多出一个【数据透视表】工具的菜单项，该菜单项又包括【分析】和【设计】两大子项。当鼠标移动到数据透视表区域，【数据透视表字段】面板和【数据透视表工具】菜单会自动显示。数据透视表能够快速汇总、分析、浏览和显示数据，可对源数据进行多维度展现。它几乎涵盖了 Excel 中大部分的用途，无论是图表还是函数等，数据透视表能够将筛选、排序和分类汇总等操作依次完成，并生成汇总表格，是 Excel 强大数据处理能力的具体体现。

任务 2　使用公式计算满足某条件的数据总数

【任务描述】在【周边销售】工作表的 B19 单元格中，计算在所有演唱会上单价低于 180 元且销售量超过 1500 件的 T－shirt 的总数量。

【考　　点】COUNTIFS 函数。

【操作流程】

在【周边销量】工作表的 B19 单元格中输入“＝COUNTIFS(C2:C17,"＜180",B2:B17,"＞1500")”，如图 6－74 所示，然后按【Enter】键。

GETPIVO...　=COUNTIFS(C2:C17,"<180",B2:B17,">1500")

	A	B	C	D	E	F
2	2016/1/7	4636	¥160.00	2839	¥90.00	3105
3	2016/2/17	4455	¥150.00	1715	¥90.00	2049
4	2016/2/18	1794	¥210.00	3292	¥110.00	1219
5	2016/3/29	665	¥160.00	3411	¥95.00	910
6	2016/4/16	4349	¥170.00	4885	¥80.00	3769
7	2016/5/10	4176	¥190.00	4250	¥85.00	3276
8	2016/7/2	0	¥210.00	0	¥95.00	0
9	2016/7/22	3412	¥220.00	844	¥80.00	2353
10	2016/8/7	4045	¥170.00	2641	¥95.00	2317
11	2016/8/15	539	¥160.00	1214	¥105.00	1959
12	2016/8/22	4908	¥190.00	1517	¥105.00	2344
13	2016/9/11	4367	¥180.00	991	¥110.00	4431
14	2016/11/10	680	¥210.00	3612	¥80.00	4241
15	2016/11/17	4249	¥190.00	1135	¥80.00	3554
16	2016/11/29	4440	¥220.00	2974	¥110.00	3549
17	2016/11/30	0	¥220.00	0	¥80.00	0
18						
19	T-shirt销售数量（1500件以上，低于￥180）	=COUNTIFS(C2:C17,"<180",B2:B17,">1500")				

图 6－74　输入函数

【分析拓展】

COUNTIFS 为多条件计数函数，平行条件允许 200 多个，是数据处理与分析工作中常用函数之一。

任务3　删除名称

【任务描述】移除引用位置为"周边销售 $A$1:$H$17"的名称【销售】。

【考　　点】名称管理器。

【操作流程】

① 单击【公式】菜单→【定义的名称】功能组→【名称管理器】工具按钮，如图 6－75 所示。

② 打开【名称管理器】对话框，选中【销售】选项，单击【删除】按钮，如图 6－76 所示。

图 6－75　【定义的名称】功能组

③ 弹出确认删除对话框，单击【确定】按钮，如图 6－77 所示。

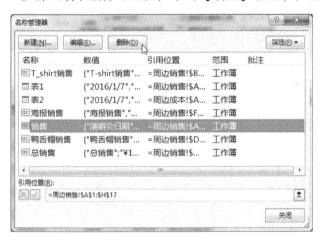

图 6－76　名称管理器

图 6－77　确认删除

④ 返回【名称管理器】对话框，单击【关闭】按钮。

【分析拓展】

【名称管理器】功能可以对固定的某一区域内的数据进行管理，如在使用公式时可以直接引用该名称，省去了重复选择区域的麻烦。通常与数据有效性组合使用。

任务4　创建数据透视图

【**任务描述**】在【成本数据透视图】工作表中，增加一个3D堆积柱形图，以展示数据透视表中的数据。

【**考　　点**】数据透视图。

【**操作流程**】

❶ 选中数据透视表中任意一个单元格，单击【数据透视表工具－分析】菜单→【工具】功能组→【数据透视图】工具按钮，如图6－78所示。

图6－78　【工具】功能组

❷ 在【插入图表】对话框中，切换到【柱形图】选项卡，选择【三维堆积柱形图】选项，单击【确定】按钮，如图6－79所示。

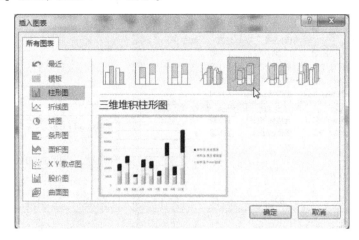

图6－79　插入图表

【**分析拓展**】

数据透视图是数据透视表的图形展示，它能更形象地呈现数据透视表中的数据，方便用户查看、对比和分析数据趋势。

项目 7　工院体育发展研究中心

【项目概述】你在工院宏大集团竞赛中心工作，正在对某赛事数据进行统计分析数据，如图 6 - 80 所示。

【源文件】工院 MOS – Excel 2016 – Expert – Project7

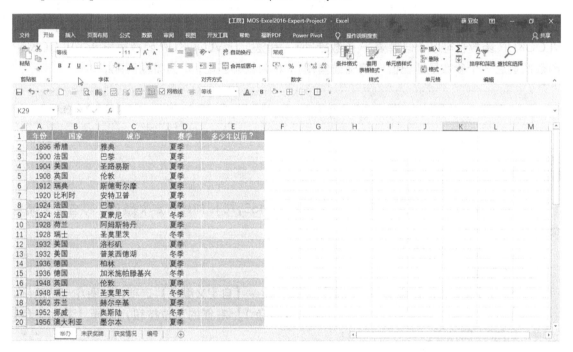

图 6 - 80　项目 7 基础数据

任务 1　使用公式根据条件返回特定值

【任务描述】在【未获奖牌】工作表的 B2 单元格中，增加一个仅使用一个函数的公式，为【未获奖牌】工作表的 A2 单元格列出的参赛队查找其在【编号】工作表中的【参赛编号】。

【考　　点】VLOOKUP 函数。

【操作流程】

在【未获奖牌】工作表的 B2 单元格中输入 " = VLOOKUP（A2，"，然后单击【编号】工作表，选中 A1:B300 单元格区域，按【F4】键，再输入 "，2，0）" 如图 6 - 81 所示，按【Enter】键完成操作。

	A	B	C	D	E	F
1	参赛队	参赛编号	夏季大赛项目	冬季大赛项目	总项目	参加赛季
2	工院队	=VLOOKUP(A2,编号!$A$1:$B$300,2,0)			28	
3	战记队		6	22	28	
4	的魔队		6	21	27	
5	斗神队		5	23	28	

图 6‑81　输入函数

【分析拓展】

VLOOKUP 函数用于搜索指定区域内首列满足条件的元素, 确定待检测单元格在区域中的行序号, 再进一步返回选定单元格的值, 一般用来单条件查询、多条件查询、逆向查询。此外, 另外一个查询函数 LOOKUP 则是在单行或单列中查找数据, 常用于逆向查询 (尽管 VLOOKUP 函数也可以, 但需要 IF 函数辅助), 用法上比 VLOOKUP 函数更灵活。VLOOKUP 函数的最后一个参数是匹配值 (精确或模糊), 0 为精确匹配, 1 为模糊匹配。

> **注意:** 本任务也可在 B2 单元格内直接输入 " =VLOOKUP(A2,编号! ＄A ＄1:＄B ＄300,2,0)"。

任务2　创建自定义颜色

【任务描述】 以个性色 1 选项 (RGB 设为 33,155,70) 创建自定义颜色。将自定义颜色命名为【Excel 绿】。

【考　　点】 自定义颜色。

【操作流程】

❶ 单击【页面布局】菜单→【颜色】下拉按钮→【自定义颜色】选项, 如图 6‑82 所示。

❷ 打开【新建主题颜色】对话框, 单击【着色 1】右侧的下拉按钮, 选择【其他颜色】选项, 如图 6‑83 所示。

图 6‑82　自定义颜色

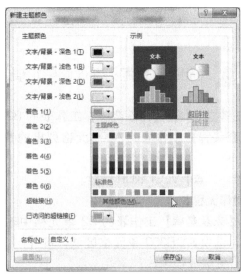

图 6‑83　新建主题颜色

❸ 进入【颜色】对话框的【自定义】选项卡，在【红色】、【绿色】、【蓝色】数据框中依次输入 33、155、70，单击【确定】按钮，如图 6‑84 所示。

❹ 返回【新建主题颜色】对话框，在【名称】文本框中输入【Excel 绿】，单击【保存】按钮，如图 6‑85 所示。

图 6‑84　RGB 设置

图 6‑85　保存设置

【分析拓展】

个性色 n 与着色 n 意思是相同的，在不同的 Office 版本中称法不同而已。例如，你可以根据公司的 LOGO 色系，设计一套匹配的表格样式主题。通常主题包含 3 个方面：颜色、字体、效果。通过分别设置这 3 个方面，来设计你的主题。

任务3　使用公式返回特定值

【任务描述】在【未获奖牌】工作表的 F2 单元格中创建一个公式，以显示一个队伍参加了两个赛季或仅参加了夏季大赛。如果队伍参加了两个赛季，显示【都】，如果队伍仅参加了夏季大赛，则显示【仅夏季】。

【考　　点】IF 函数。

【操作流程】

在【未获奖牌】工作表的 F2 单元格中输入“＝IF（C2＊D2＜＞0,"都","仅夏季"）”，如图 6‑86 所示，然后按【Enter】键。

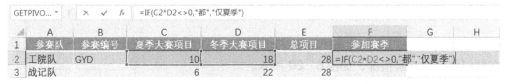

图 6‑86　输入函数

【分析拓展】

IF 函数用来判断一个条件是否满足，如果满足返回一个值，如果不满足则返回另一个值。IF 函数基本语法结构为"IF(条件判断,结果为真返回值,结果为假返回值)"。IF 函数一般有基本用法、单条件、多条件表达、数组函数嵌套。本任务中" ＜ ＞"意为不等于。

任务4　使用公式返回距今年数

【任务描述】 在【举办】工作表的 E 列，创建一个公式，使用函数来显示每个城市上次举办比赛距今多少年。

【考　　点】 TODAY 函数、YEAR 函数。

【操作流程】

❶ 在【举办】工作表的 E2 单元格中输入"＝YEAR(TODAY())－A2"，如图 6–87 所示，然后按【Enter】键。

图 6-87　输入函数

❷ 将光标移动到 E2 单元格右下角，如图 6–88 所示，双击填充到 E51 单元格。

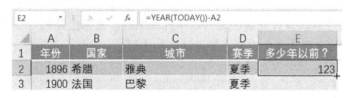

图 6-88　快速填充

【分析拓展】

TODAY 函数可以返回系统的当前日期，NOW 函数可以返回系统的当前日期和时间。它们通常与其他日期/时间函数组合使用，如 WEEKNUM（当前周次）、DATEDIF（距今天数）、EOMONTH（指定日期到月初/底的天数）等。此外，还有其他时间函数，不再赘述。

项目8　工院宏大集团会计中心

【项目概述】 你在工院宏大集团从事会计工作，正在创建一个 Excel 工作簿跟踪工院宏大集团各部门的活动开展情况，如图 6–89 所示。

【源文件】 工院 MOS –Excel 2016 –Expert –Project8

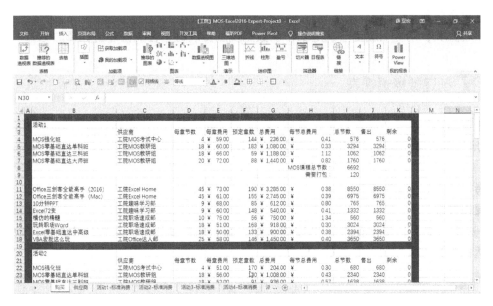

图 6-89 项目 8 基础数据

任务 1 设置计算选项

【任务描述】修改工作簿的计算选项，阻止数据改动时公式自动计算新值。保存工作簿时公式不重新计算。

【考　　点】手动重算。

【操作流程】

❶ 单击【文件】菜单→【选项】选项，如图 6-90 所示。

❷ 打开【Excel 选项】对话框，切换到【公式】选项卡，在【工作簿计算】选项区域选中【手动重算】单选按钮，取消勾选【保存工作簿前重新计算】复选框，单击【确定】按钮，如图 6-91 所示。

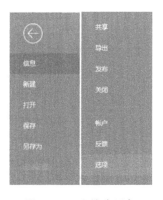

图 6-90　文件选项卡

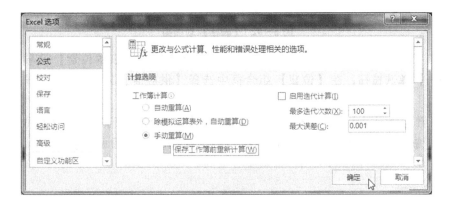

图 6-91　计算选项

【分析拓展】

【手动重算】 功能一般用于确定工作表数据发生更改时是否执行重新计算。

任务2　创建数据透视表

【任务描述】 在【供应商】工作表的 A2 单元格中创建一个数据透视表，以展示每个供应商总费用的平均值，其数据基于【购买】工作表的 C3:K18 单元格区域。在行上展示每个供应商。

【考　　点】 数据透视表。

【操作流程】

❶ 选中【购买】工作表的 C3:K18 单元格区域，单击【插入】菜单→【表格】功能组→【数据透视表】工具按钮，如图 6-92 所示。

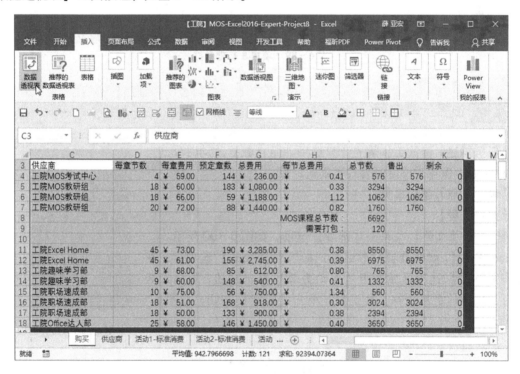

图 6-92　【表格】功能组

❷ 打开【创建据透视表】对话框，在【选择放置数据透视表的位置】选项区域中选中【现有工作表】单选按钮，在【位置】组合框中选择【供应商】工作表的 A2 单元格，如图 6-93所示。

❸ 在【数据透视表字段】面板中，将【供应商】拖动到【行】区域、【总费用】拖动到【值】区域，单击【求和项：总费用】下拉按钮，选择【值字段设置】命令，如图 6-94 所示。

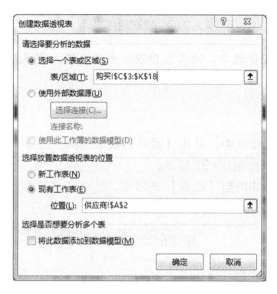

图 6 - 93　创建数据透视表

图 6 - 94　字段拖放

④ 在【值字段设置】对话框中，选择【计算类型】为【平均值】，单击【确定】按钮，如图 6 - 95 所示。

⑤ 完成后的数据透视表如图 6 - 96 所示。

图 6 - 95　值字段设置

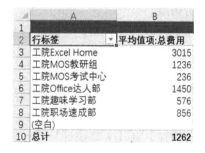

图 6 - 96　完成效果

【分析拓展】

【数据透视表】功能的主要意义在于提高了 Excel 报告的生成效率。例如，切片器、日程表等交互工具可以实现数据透视表报告的人机交互。这也是数据透视表最大的特点。创建一个数据透视表以后，可以任意地重新排列数据信息，并且还可以根据习惯将数据进行分组。

任务3　设置数据透视表刷新

【**任务描述**】在【利润数据透视图】工作表中，修改数据透视表的设置，使得无论何时打开文件均展现最新数据。

【**考　　点**】数据透视表设置。

【**操作流程**】

❶ 将光标置于【利润数据透视图】工作表中，单击【数据透视表工具 – 分析】菜单→【数据透视表】下拉按钮→【选项】选项，如图6–97所示。

❷ 打开【数据透视表选项】对话框，切换到【数据】选项卡，选中【打开文件时刷新数据】复选框，单击【确定】按钮，如图6–98所示。

图6–97　数据透视表选项

图6–98　设置选项

【**分析拓展**】

【数据透视表选项】功能可以对数据透视表的打印、显示、汇总和筛选、数据、布局和格式等方面做进一步的设置。在日常工作中，常用它来控制数据透视表的整体显示。

任务4　将指定单元格区域增加到监视窗口

【**任务描述**】将【劳动统计】工作表的C67:E72单元格区域增加到监视窗口。

【**考　　点**】监视窗口。

【**操作流程**】

❶ 单击【公式】菜单→【公式审核】功能组→【监视窗口】工具按钮，如图6–99所示。

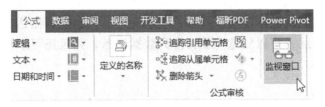

图6–99　监视窗口

❷ 打开【监视窗口】面板，单击【添加监视】按钮，如图 6-100 所示。

❸ 打开【添加监视点】对话框，选择【劳动统计】工作表 C67:E72 单元格区域，单击【添加】按钮，如图 6-101 所示。

图 6-100　添加监视

图 6-101　添加监视点

【分析拓展】

【监视窗口】功能可以对某些特殊的单元格进行实时监控。即使这些单元格位于其他工作簿或本工作簿的屏幕以外位置也能实现，只要对所监控的单元格的数据进行修改，会立刻在监视窗口中观察到，无须拖动滚动条来进行查看数据切换。【监视窗口】面板通常悬浮在工作区前面。此外，【监视窗口】间接地实现了工作表间的快速切换，可当作工作表导航器来用。

任务5　逻辑函数的应用

【任务描述】在【活动1-标准消费】工作表的 H9 单元格中，增加一个仅使用一个逻辑函数的公式，使得当每人卖出至少一个 MOS 强化班时显示 TURE，任何一人没有卖出 MOS 强化班则显示 FALSE。

【考　　点】AND 函数。

【操作流程】

❶ 双击【活动1-标准消费】工作表的 H9 单元格（或单击 H9 单元格后在公式编辑栏处）输入"=AND(H3>=1,H4>=1,H5>=1,H6>=1,H7>=1,H8>=1)"，如图 6-102 所示，然后按【Enter】键。

GETPIVO... ▼	× ✓ fx	=AND(H3>=1,H4>=1,H5>=1,H6>=1,H7>=1,H8>=1)				
	H	I	J	K	L	M	N
2					B4	C4	D4
3	523	¥ 449.00	¥ 234,827.00		B18	C18	D18
4	500	¥ 500.00	¥ 250,000.00		B32	C32	D32
5	540	¥ 599.00	¥ 323,460.00		B46	C46	D46
6	799	¥ 499.00	¥ 398,701.00		B60	C60	D60
7	843	¥ 449.00	¥ 378,507.00		B74	C74	D74
8	510	¥ 449.00	¥ 228,990.00				
9	=AND(H3>=1,H4>=1,H5>=1,H6>=1,H7>=1,H8>=1)						
10							

图 6-102　输入函数

❷ 选中 H9 单元格，单击【公式】菜单→【插入函数】工具按钮，根据提示操作完成输入。

【分析拓展】

在 AND 函数中，当所有参数的计算结果均为 TRUE 时，返回 TRUE；只要有一个参数的计算结果为 FALSE，即返回 FALSE。通常情况下，将 AND 函数用作 IF 函数的逻辑参数，可以检验多个不同的条件，而不仅仅是一个条件。AND 函数与另一个逻辑函数 OR 原理不同，但用法相同，这里不再赘述。本任务函数运算结果为 TURE。

项目9　工院宏大集团文化园

【项目概述】你正在为工院宏大集团文化园项目利益相关者制作年末财务汇报数据，如图 6－103 所示。

【源文件】工院 MOS－Excel 2016－Expert－Project9

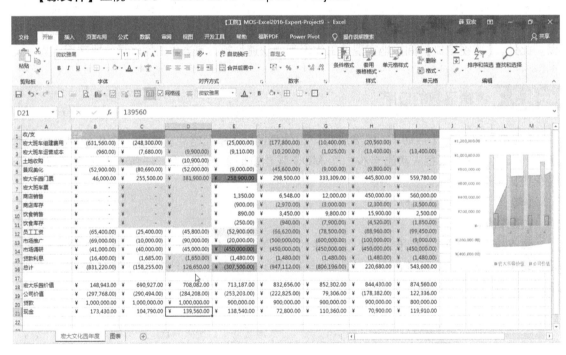

图 6－103　项目 9 基础数据

任务1　填充单元格

【任务描述】使用 Excel 填充功能，在 C1:I1 单元格区域填充月份四月到十月。不要改变单元格格式。

【考　　点】自动填充。

【操作流程】

❶ 将光标移到【宏大文化园】工作表的 B1 单元格右下角，如图 6－104 所示。

❷ 按住鼠标左键向右拖动到 I1 单元格后松开，单击 I1 单元格右下角的【自动填充选项】下拉按钮，选中【不带格式填充】单选按钮，如图 6–105 所示。

图 6–104　准备拖动　　　　　　　图 6–105　填充选项

❸ 填充效果如图 6–106 所示。

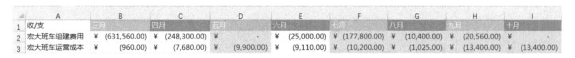

图 6–106　填充效果

【分析拓展】

【自动填充】功能用于鼠标拖选后填充，有复制单元格、填充序列、仅填充格式、不带格式填充等选项，不同于单元格快速填充（在单元格右下角双击，无须拖选）。本任务中只是要求以 B1 单元格为基础，向右填充月份，保持原有单元格格式不变，所以选择采用不带格式填充。

任务 2　清除条件格式

【任务描述】清除【宏大文化园年度】工作表中所有的条件格式。

【考　　点】移除条件格式。

【操作流程】

❶ 单击【开始】菜单→【样式】功能组→【条件格式】下拉按钮→【管理规则】选项，如图 6–107 所示。

图 6–107　【样式】功能组

❷ 确保【显示其格式规则】选择的是【当前工作表】，依次选择各个规则，单击【删除规则】按钮，直到【当前工作表】所有规则都被删除，如图6-108所示。

图6-108 删除规则

❸ 单击【确定】按钮，如图6-109所示。

图6-109 确认删除

【分析拓展】

在【条件格式规则管理器】对话框中可看到单元格中设置的多个条件格式，可以对已有规则进行编辑、删除，也可以新建规则。另外，拖选有条件格式的区域后，在其右下角会弹出菜单，也可以对条件格式进行清除。

参考文献

［1］卢冶飞，孙忠宝. 应用统计学［M］. 北京：清华大学出版社，2017.

［2］刘雅漫. 新编统计基础［M］. 6 版. 大连：大连理工大学出版社，2014.

［3］Excel Home. Excel 2016 函数与公式应用大全［M］. 北京：北京大学出版社，2018.

［4］刘万祥. Excel 图表之道［M］. 北京：电子工业出版社，2017.

［5］秦川，孙秀莹，薛奔. Excel 职场应用实战精粹［M］. 北京：清华大学出版社，2017.

［6］LINOFF G S. 数据分析技术：使用 SQL 和 Excel 工具［M］. 2 版. 陶佰明，译. 北京：清华大学出版社，2017.

［7］答得喵微软 MOS 认证授权考试中心. MOS 高分必看［M］. 北京：中国青年出版社，2018.